数字时代的效率手册

Digital
Effectiveness

π 少数派 著

U0281411

电子工业出版社
Publishing House of Electronics Industry
北京·BEIJING

内 容 简 介

这是一本教你提升效率的图书。少数派根据提升效率的几个最重要的方面，精心挑选了平台内的优质文章，从效率的本质、制订计划、时间管理、任务管理、高效写作等方面入手，力求帮助读者弄清楚效率的方方面面，充分挖掘自身的潜力，全面提升读者在工作、学习、生活中的效率。

作为互联网时代的图书，本书特别搭建了读者交流群，不仅帮助读者交流学习，还会安排作者不定期答疑解惑，分享自己的最新研究成果，努力成为读者身边的信息管理知识库。

未经许可，不得以任何方式复制或抄袭本书之部分或全部内容。

版权所有，侵权必究。

图书在版编目（CIP）数据

数字时代的效率手册 / 少数派著. —北京：电子工业出版社，2021.8
ISBN 978-7-121-41776-4

Ⅰ. ①数… Ⅱ. ①少… Ⅲ. ①操作系统②应用软件 Ⅳ. ①TP316②TP317

中国版本图书馆 CIP 数据核字（2021）第 162341 号

责任编辑：张春雨
印　　刷：三河市良远印务有限公司
装　　订：三河市良远印务有限公司
出版发行：电子工业出版社
　　　　　北京市海淀区万寿路 173 信箱　　邮编：100036
开　　本：720×1000　　1/16　　印张：15.75　　字数：327.6 千字
版　　次：2021 年 8 月第 1 版
印　　次：2021 年 8 月第 1 次印刷
定　　价：75.00 元

凡所购买电子工业出版社图书有缺损问题，请向购买书店调换。若书店售缺，请与本社发行部联系，联系及邮购电话：(010) 88254888，88258888。

质量投诉请发邮件至 zlts@phei.com.cn，盗版侵权举报请发邮件至 dbqq@phei.com.cn。

本书咨询联系方式：(010) 51260888-819，faq@phei.com.cn。

作者序
努力高效工作，享受品质生活

我很庆幸，小学时写下的第一篇作文获得了语文老师的赞赏，这个不起眼的鼓励让我对记录、写作产生了好感，并一直坚持。尽管因为很多意外的原因，我并没有真正进入与写作相关的行业从业，但这个习惯却潜移默化地改变着我的人生轨迹。

二十年前，我从东北小城跨越四千多里来到改革开放的窗口——深圳，先在服务行业卧薪尝胆，又到销售行业千锤百炼，在此过程中我就是通过逻辑清晰的工作总结不断获得晋升机会的。后来，我也因为在个人博客分享经验才有机会跨入互联网内容行业。虽然整个转行经历一波三折，但写作习惯却一直贯穿始终，在帮助自己成长的同时也间接影响了身边的人。

良好的文字表达能力让我遇见了职场上的伯乐，说服了合伙人和投资人，帮助我建立了自己的第一个网络社区，并因此萌生了创业的念头。在早期，作为科技爱好者的我，清楚社区分享是知识传递的重要工具，最优质的知识源于人的实践心得，但只有同时输出优质且专业的内容才能获得用户的欣赏，而传统科技媒体和传统社区的产品形态都只能满足其一，难以持续。

于是，我在 2012 年建立了少数派的内容共创模式，寻找和吸纳科技产品实践者，通过写作能力晋升体系让他们用业余时间成为专业作者，同时提供了一个高效率的内容价值转化平台。通过这种最简单、最原始的方式，我们积累了五百多名出版级别的创作者，沉淀了两万余篇高质量的数字科技知识内容，每年供数千万人查阅和学习。现在，我们终于有能力从线上回到线下，对优质内容进行结集出版，帮助更多人优化数字生活。

对于数字生活，少数派用了十年时间去见证这种生活方式的发展过程。在 PDA 产品进入国内伊始，享受基于数字设备的高效工作方式基本只是小众精英人群的专属权利，这些设备不仅有价格门槛，还有使用门槛，甚至需要专业人士上手指导，少数派的前身煮机社区就是这样的爱好者聚集地，大家相互帮助，无私分享，享受折腾工具的乐趣和成就感。

随后，iPhone 的诞生和普及让这些高门槛的数字工具变成了定价几元到几十元的付费应用，在那个盗版横行的年代，少数派不仅提供知识和方法，也成了为正版应用付费的倡导者，让大量互联网用户产生为产品和内容付费的意识。

随着应用生态的不断完善，我们渐渐发现手机应用变成了数字生活的入口，衔接了智能硬件、线下服务、影音内容等服务和内容，于是，少数派开始扩展成了用户的数字生活指南。那时，我们开始帮助用户筛选那些真正用心和有价值的产品，通过还原产品的使用场景，让大家少走一些弯路。

再后来，智能家居、智能汽车、万物互联的时代开启，我们开始深度思考数字生活的真正意义，通过研讨、创作、整编、传播，让少数人的经验得到分享，开始帮助更多人努力高效工作、享受品质生活，我们彻底明白这才是少数派的长期使命，也是优质社区的长期价值，而数字化只是这个时代的切入点而已。

也是直到这时我们才发现少数派错过了太多时代的风口，不管是科技媒体的崛起风潮还是微博的兴起，不管是微信公众号的红利还是抖音视频的崛起，我们一直安静地坚守分享的价值和内容的本质，蓦然回首，我们竟然聚合了大量的长尾作者和优质内容，成为中文内容领域的一股力量。

在少数派，你看不到成功学理论，却可以看到一套完整的效率工具教程；你看不到行业评论，却可以跟随从业者的角度，看到最真实的幕后故事；你看不到高谈阔论，却可以从普通人的思考中得到深度共鸣……在践行少数派的理念的过程中，我们已经自成一派。

希望少数派的存在能让那些忠于兴趣、坚持钻研、乐于分享的普通人获得他们应有的赞赏和回报，希望我们能提供一个良性的科技内容创作、分享、阅读环境，为科技行业的创新创造产生助力。

这是我们第一本结集出版的年度精选内容，希望能给你带来不一样的角度和价值。就在写下这篇序言的一周之后，我将从深圳启程，自驾前往西藏和新疆，开始环绕中国的创作之旅，对于我和少数派来说，这样的旅程从未停止。

少数派创始人 老麦

2021 年 4 月 22 日午后于深圳

目录

读者服务

微信扫码回复：41776

- 加入本书读者交流群，与作者互动
- 获取【百场业界大咖直播合集】（持续更新），仅需 1 元

第一篇

效率的本质：
高效工作，享受品质生活

第 1 章
什么是效率

大多数人终究无法脱离工作和家庭而"独善其身",我们需要正视一生中的各个阶段,在求学时接受考试,在毕业后进行择业,在工作中与团队为伍,在生育后与孩子相处……

大多数人在每个阶段也都有着专属于自己而又和身边的大多数人相似的烦恼,但凡有点儿追求,我们都会希望自己能够从容应对。好在我们并不孤单,无数前辈在追求效率的道路上披荆斩棘,为我们探索出多种可能。

2012 年,正处在折腾 GTD[1] "兴奋期"的我,非常幸运有两篇文章连续入选褪墨年度最受欢迎内容的名单,这加速了我的疯狂折腾之路,遇到人一定推荐GTD。我在公司内开展了多次时间管理培训,手持 Palm、黑莓手机、安卓手机、iPhone,在"工具误人"的道路上越走越远,现在看来,方向错误带来的影响居然持续了八年之久!

2020 年新冠疫情期间一个月的特殊"年假"给了我反思的机会,我突然明白,这八年时间好像白折腾了。效率看起来是单纯的时间管理问题,实际属于一项系统性工程,在人生的不同阶段,需要不同的应对策略。

1.1 理解效率的本质

我理解的效率绝不是"在单位时间内完成更多事",而是"在自我满足的前提下有足够多的可自由支配的时间且不得不做的事尽可能少",如图 1-1 所示。

---

1 GTD,Getting Things Done(把需要做的事情处理好)的缩写,源自戴维·艾伦(David Allen)
于 2002 年提出的一种时间管理方法,相关著作有《搞定》系列图书。

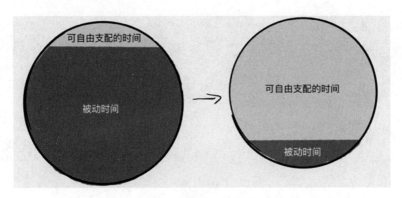

图 1-1　效率的本质

首先，我们来谈一谈怎么才算"自我满足"。有的人容易满足，有的人志存高远，每个人都有自己的标准，同一个人在不同时期也有不同的标准。也就是说，并不是可自由支配的时间占比越高越好，首先要保证自己的"生命品质"，然后再尽量增加可自由支配的时间。

节省出的时间花到哪里好呢？我们不妨把时间当作投资，将其用在更有意义的地方，如投入自己的兴趣、陪伴家人等，如图 1-2 所示。大前研一的《OFF 学，会玩才会成功》及胜间和代的《时间投资法》这两本休闲读物把时间"玩出了花儿"，我们可以参考一下。

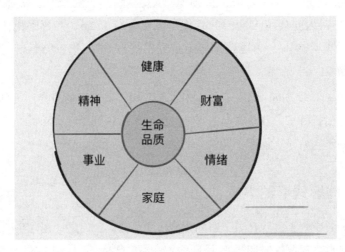

图 1-2　生命之轮

亚伯拉罕·马斯洛（Abraham H.Maslow）的需求层次理论将人的五种不同层次的需求划分成三个等级：低层次需求（生理需要和安全需要）、中等层次需求（社会需要和尊重需要）和高层次需求（自我实现），如图 1-3 所示，我们可以借助这个模型梳理"自我满足"的标准。需要注意的是，需求层次理论只关注了需求之间的纵向联系，忽略了一个人在同一时间往往存在多种需求，梳理时要平衡各需求之间的关系。

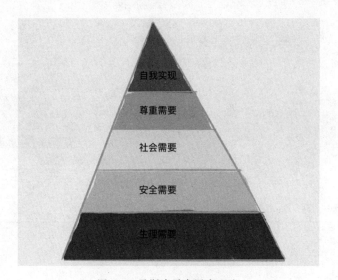

图 1-3 马斯洛需求层次理论

无独有偶，弗雷德里克·赫茨伯格（Frederick Herzberg）的双因素理论[1]也对工作场景下影响人的满意度的因素有着深入的研究，这虽然属于人力资源管理的范畴，但对我们找到工作中不开心的源头非常有帮助。图 1-4 是相关调查结果的数据，下半部分为"保健"因素，上半部分为"激励"因素。

---

[1] 源自弗雷德里克·赫茨伯格（Fredrick Herzberg）在《哈佛商业评论》发表的《再论如何激励员工》。

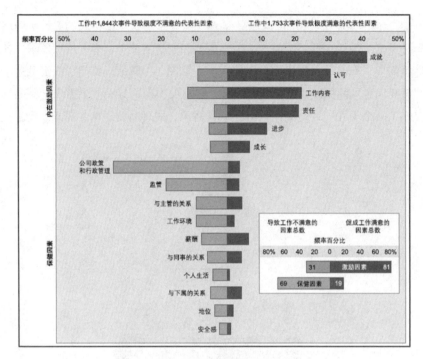

图 1-4　双因素理论

1.2　找到适合自己的那条路

俗话说，方向不对，努力白费。

前面介绍了较为流行的两种衡量个人需求的模型，但很多时候我们并不知道自己真正需要什么，而是被时代的洪流裹挟前行。这时，我们可以先从了解自己开始。

盖洛普公司依托自身的咨询数据，编写了一本用于发现自身优势的参考指南《现在，发现你的优势》，书中把天赋称为才干（talents），才干是你天然产生并贯穿始终的思维、感觉或行为模式，才干、知识和技能合在一起就构成了你的优势。这本书还提供了自测题，这是一套由 180 道选择题组成的自动测试系统，填写完毕后，你会得到相对精准的优势主题（关键词）及改善建议，虽然给出的答案有一股机器翻译的味道，但足以帮助我们找到方向，进而通过发挥自身优势，打造出个人核心竞争力。

1.3　提升效率的基本功

明确了需求、方向后，我们可能还是有些迷茫，这说明基本功还没练到位，这时有人可能想去得到、喜马拉雅之类的平台寻找资源。

但是，如果你愿意追求本真，就会发现改变自我真正需要的"外力"其实并不多，因为那些外力终究是别人消化、吸收过的结果，生搬硬套的价值并不大，我们不能指望用一时半刻就能弥补几十年积累下的不足，对此，我认为可以从以下两个方面入手进行改善。

1.3.1 调整好心理状态

焦虑低迷时我们很难有什么作为。在尝试过多种方法后，我决定相信科学。"正念"是一种提升个人心理健康和生活质量的技巧，市面上已有多部相关著作和训练课程，如《正念的奇迹》《正念：此刻是一枝花》等。

依照个人理解，正念是指"以开放的心态，专注体验当下的每一刻"。开放的心态是指不批判，包容地接纳不同的观点，求同存异。专注是指认真对待当前正在做的事情，而不是在反复的"走神→懊恼→收心→走神"循环中煎熬。训练正念的核心在于慢下来，认真感受自己的呼吸等平时并不在意的地方，从而排除杂念。

当然，保持专注是有极限的，除了通过正念训练自己的专注力，也可以使用番茄工作法帮助自己调整专注的"节奏"。我通常使用免费的 Just Focus 实现专注，打开 App 后系统会自动开启一个番茄钟（每个番茄钟的时长不必局限于 25 分钟，可以根据自己习惯的精力状态设定），时间到了会进入锁屏状态，提醒你休息一下，如图 1-5 所示。如此往复可以帮助我们保持专注的状态。

图 1-5　Just Focus 的界面

1.3.2　调整好身体状态

首先，健康的饮食和良好的作息习惯对保持身体状态是最重要的。其次，要根据自身特点养成日常健身的习惯。均衡膳食营养及健身已经有非常成熟的方案，没必要"重复造轮子"，可以直接选取有资质的公司或个人提供的方案。

这里分享本人的成果：我的体重在大学毕业至 2020 年的十几年间波动范围始终在 6 公斤以内，我也从曾经的"手无缚鸡之力"变为可以每天做 90 个标准俯卧撑（每天 3 组，每组 30 个，中间休息几分钟）。不过，锻炼这件事贵在坚持，停顿一段时间，成果会消失……这里推荐一下平时收集的内容，方便需要的读者参考。

膳食营养：微博账号@营养师顾中一，博主不仅是营养师"大 V"（高圆圆专用营养师），也是一位数码产品玩家，输出的内容全面、实用。

医药健康：默沙东诊疗手册（网页版或手机 App），可以查询各种症状及药品的权威信息。

综合健身：可以参考下列少数派网站（sspai.com）中的文章。

- 如何科学地制订健身计划？这是我的个人经验。
- 运动"小白"应该练什么？
- 比起"资助"健身房，养成运动习惯还有这些成本更低的方法。
- 经历了这次疫情的考验，这些健康、生活、效率习惯值得你长期坚守。

偏胖人群可以参考下列少数派网站（sspai.com）中的文章。

- 3 步教你科学减脂。
- 培养健康习惯，建筑规划行业设计师 1 年减重 34 斤。
- 新一年的"怼肉"计划，这些频道你可以参考。

偏瘦人群可以参考少数派网站（sspai.com）中的文章"不再当瘦猴——软件工程师 1 年的增肌经历"等内容。

1.3.3　思维能力

我们常常说要独立思考，市面上也有丰富的思维训练类读物，但内容良莠不齐，我没有全部看过，而是通过实践总结出了个人认为必备的几项思考能力，如图 1-6 所示。

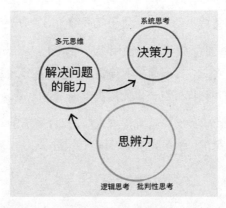

图 1-6 思维能力

- 思辨力：了解事物真相的能力，包括逻辑思考和批判性思考。
- 解决问题的能力：运用多元思维模型找到解决方案。
- 决策力：运用系统思考的方法在动态变化的环境中找到趋势和相应的对策。

随着时代的发展，各种骗术、广告也在不断升级，各类陷阱变得更加隐蔽，边界更加模糊，且与有用的信息混杂在一起，让人难以辨别。

而逻辑思考和批判性思考能够让我们保持理性，避免被虚假或低质量的信息干扰。要想训练逻辑思考能力，我推荐阅读《逻辑的力量》，与教科书相比，它更侧重于如何运用。对于训练批判性思考的能力，极力推荐阅读《学会提问》（原书第 11 版），"提出好的问题比得到答案更重要"对我的影响一直存在。

1．解决问题的能力

说起思维模型，相信很多人都会想到查理·芒格（Charlie Munger）的《穷查理宝典》，我认为这本书其实是"披着思维模型外衣"的"知识管理"用法，用一个个最佳实践指导我们解决问题。除此之外，建议阅读成甲的《好好思考》，多元思维模型的核心是将各种具体问题抽象出通用的"基本问题"，借助不同行业解决问题的思路（思维模式），洞见事物的相似性并将得到的"跨界"知识纳入结构化的框架中以供使用。

2．系统思考

我理解的系统思考是以"整体"的视角看待问题，在动态环境下做出决策。彼得·圣吉（Peter M. Senge）的《第五项修炼》、丹尼斯·舍伍德（Dennis Sherwood）

的《系统思考》及邱昭良博士的《系统思考实践篇》等著作是入门首选。

在学习系统思考的同时,建议配合使用相应的软件。Vensim PLE 是著名的系统动力学模拟软件的个人学习版,界面简单但很实用,在实践系统思考时可以用它绘制各种"回路",帮助我们找到杠杆点,以便给决策提供参考。

注意:不要看到"系统动力学"就觉得难入门,配合系统思考方法使用 Vensim PLE 非常简单,图 1-7 就是我在初学系统思考时做出的尝试。

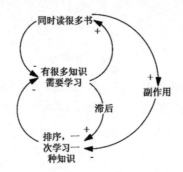

图 1-7　初学系统思考时使用 Vensim 画的图

再来看当时做的稍微复杂的图,如图 1-8 所示。

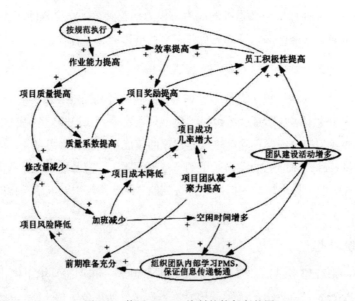

图 1-8　使用 Vensim 绘制的较复杂的图

是不是相对来说更加容易找到关键点了。

1.3.4　自我管理

自律即自由。有良好的自我管理能力才能够享受真正的自由。我理解的自律是指一个人在某个阶段有着强烈的动机去做一件事。所以，请为自己设定伟大又合适的目标吧！

当然，方法还是要有的，具体可以参考《自控力》《精力管理》这两本书。前者教你科学地锻炼自己自控力的方法，后者通过纠正生活作息方式帮助你合理分配和保持自己宝贵的精力，如果觉得不够用，还可以进一步阅读《高效能人士的七个习惯》。

1.3.5　知识管理

为什么我们必须掌握一定的知识管理技能呢？因为知识就是力量。当你遇到信息焦虑、学习效率低下、学过就忘、不会举一反三等状况时，你会渴望问题得到解决，此时，知识管理就是那把钥匙。而且，更重要的是掌握知识管理技能以后，你能持续地节约大量的时间——这不正是效率的关键一环吗。

知识管理分为企业知识管理和个人知识管理，在这里只谈个人知识管理。介绍之前，先明确比较容易令人迷惑的数据、信息、知识，具体如下。

- 数　据：数字的字面意思，单纯的数据不能表达意义。
- 信　息：信息给数据提供了环境。
- 知　识：经过实践证明的、可以用来决策和行动的信息。

它们三者之间的关系可以被理解为：没有信息，知识就无法发挥作用；没有知识参与判断，信息就毫无作用；相比获取知识而言，获取数据和信息比较简单。具体如图 1-9 所示。

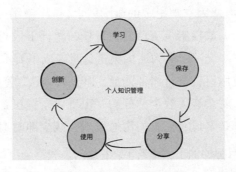

图 1-9　个人知识管理流程

这里就不继续展开了，感兴趣的读者可以从《你的知识需要管理》这本书入门。

关于信息管理，建议学习少数派的付费课程《高效信息管理术》。

1.4　工作与生活中的效率

1.4.1　工作中的效率

工作与生活构成了大部分人的人生，因此，工作效率不容忽视。工作效率与个人效率有着诸多不同，下面就以一个小型团队为例，简要介绍如何提高工作中的效率。

打造高效团队有两个必要条件：个人精进与团队支持，如图 1-10 所示。

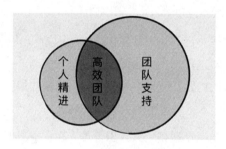

图 1-10　打造高效团队

个人精进是指团队成员的能力要与团队需求相匹配；团队支持是指管理者要为团队提供必要的支持，具体如下。

- 管理团队目标：团队如果没有一致的目标，不可能高效运行。除了将公司目标逐级降维到个人层面，还需要关注核心成员，主要流程是：调整个人状态→通过启发式问题激活思路→重视总结，对比结果与目标的差异→经常复盘。
- 员工激励：参考双因素理论中的激励因素，员工激励是指认可员工的成就，提供学习机会，放权给员工使其在责任的敦促下成长等。
- 制订工作规则：统一团队沟通的渠道，明确成果要求的标准等。例如，很多公司都会使用钉钉进行内部沟通，但如果确认、签收类的一般信息都在大群中发出，就会有无数个"好的"出现，干扰正常工作的同事。因此，团队管理者有必要设定完善的沟通规则，减少即时通信软件的干扰。

举一个实现团队目标的例子。每当年终总结时，我都会组织同事分头总结各自工作中的得失，并在总结会中分享、交流。会后整合团队成员的工作总结中需要改进的点和需求、建议，形成团队新一年的待办事项清单并张贴在醒目位置，完成一项划掉一项，直至清空。这样可以使上一年度的总结发挥最大价值——将其最终应用到改进新一年的工作中。

1.4.2 生活中的效率

结束一天的工作回到家中，我们都希望能够做自己想做的事，比如观看电视剧、玩游戏、学习软件、陪伴家人等，如父母想要自由时间，孩子需要自主成长。那么，父母如何增加自己的自由时间呢？

就我来说，两岁多的女儿每天都会缠着我，要求我讲故事、摆积木、跳舞、骑马、看电视、玩想象力游戏……起初，我找来很多育儿书想要教育女儿学会自己玩，后来，我终于明白作为新手父母的自己才是应该被教育的对象。我总是要求孩子有责任心、能自理、会学习，不想让孩子养成坏习惯，但这些界线和分寸在自己身上体现了吗？想为孩子立界线，需要自己先有界线。

界线就是知道哪些是自己的责任，哪些是别人的责任。

陪伴孩子的过程不应该把时间花费在关注孩子"不听话""没礼貌"等表面问题上，而应关注责任感、专注力等关键问题。虽然在实践初期这种转变会比"哄孩子睡觉""让孩子立刻停止哭泣"更难、更烦琐，但却是值得的，一段时间以后，你就会感受到界线的魅力，届时你的"伪陪伴"时间将会减少，孩子也会拥有更多自主的时间用来探索、学习。

这里推荐扩展亨利·克劳德（Henry Cloud）和约翰·汤森德（John Townsend）合著的《过犹不及》和《为孩子立界线》。

1.5 典型的高效率工作流

以上是提高效率的思路和方法，接下来，我们看一个"年度计划落实到每日行动"的具体例子，其中，每日计划主要借鉴了邹小强在《只管去做》中提出的"4D 工作法"[1]。

---

1 由邹小强在《只管去做》中提出的制订每日计划的方法，与四象限法类似，"4D"具体为：Do it now（立即去做），Delay it（计划去做），Delegate it（授权去做），Don't do it（尽量别做）。

1.5.1　从年度目标到每日计划

希望我们都不会遇到这种"套娃计划"：2020 年的计划中有 2019 年未完成的本打算在 2018 年完成的事情。

个人认为完成计划的关键因素就是要把年度计划这种宏观的大计划落实到每日这种具体的时间单位中去。制订完年度计划后，需要将其分解为"项目"或"习惯"，最终细化成一步步的行动。也就是说，每日计划中待办事项的来源就是从年度计划中分解的项目或习惯，以及后续临时添加的任务。

需要注意的是：每日计划中有且只有可控的变化，这样才能解放我们的大脑。

- 项目：有明确截止时间和目标的事项的集合。
- 习惯：你准备要改变（养成或去掉）的固定的行为模式。
- 可控的变化：通过做一些事情可避免发生的事项。
- 不可控的变化：无论做什么都避免不了的事项，如临时通知开会。

假设我们用一张纸来做每日计划，应该是图 1-11 所示这样：左侧是固定的日程，右侧有四个区域，分别放着今天应该立即去做的任务、计划去做的任务、委派给他人做的任务和尽量不做的任务。其中，"健身 1 小时（椭圆机+俯卧撑）"任务是从我的年度计划中分解下来的。通过这张计划表，我们可以非常直观地看到当天有哪些空闲时段，以及今天必须要完成的任务，还能看到写作这种项目的具体任务，避免因没有头绪而放弃去做。

图 1-11　每日计划（4D 工作法）

1.5.2 数字化应用

纸质计划虽好，但也有着诸多弊端，在无纸化办公的大趋势下，我们有必要采用数字化的方式实现从年度计划到每日计划的过程。这里以 Things 这款 App 为例，如图 1-12 所示。

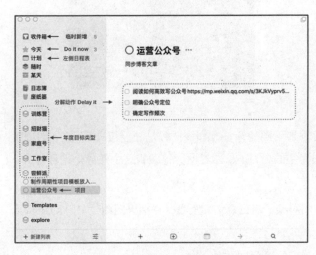

图 1-12　Things 与年度计划

首先，将新一年的目标归类，作为 Area 放入 Things，由年度计划分解出的项目或习惯分别放入归属的 Area，并在空闲时间逐步分解为可以执行的动作，如图 1-13 所示。

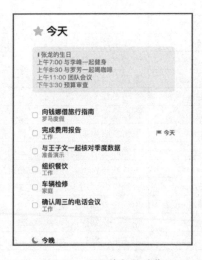

图 1-13　可以执行的动作

然后，将有具体截止时间的内容放入系统自带的日历中，Things 可以自动调取日程信息并与计划今天要做（标星）的任务放在一个视图中（和纸质的每日计划如出一辙），如图 1-14 所示。

图 1-14　任务视图

通过给任务添加不同的标签，如该任务是"授权+跟进他人的进度"，以后可以快速定位到以某人为主的项目。添加习惯标签表明这个任务是循环任务，直到养成习惯为止等。

最后，按周期对项目进行总结和复盘，将结果归档至 DEVONthink，完成整个闭环。

1.6　效率工具清单

一定有对具体效率工具感兴趣的朋友，这里想强调的是：效率工具是为提升效率服务的，该选择哪个完全取决于"当前"的需求和环境，也就是说，工具一般都会"常用常新"。图 1-15 是在本文完稿时我主要使用的和效率相关的工具软件，供各位读者参考。

类　别	工具名称	主要用途
效率	Things	从年度计划到每日计划的管理工具
效率	日历	承载有具体截止期限的任务
效率	Just Focus	番茄时间工具
写作	Typora	主力单篇文章写作工具
写作	Mweb	定向发布少数派文章
写作	Drafts 4	手机端收集零星内容的工具
写作	Paper by 53	订阅制前的老版绘图工具，用于为文章配图
写作	Scrivener	卡片式写作工具，目前还停留在片段内容整理阶段
写作	WorkFlowy	大纲工具，用于制作写作提纲或学习笔记提纲
知识库	DEVONthink	用于个人知识管理
知识库	Anki	用于记忆知识卡片和背单词
阅读	MarginNote	用于电子文档阅读以及笔记整理

图 1-15　我主要使用的效率相关的工具软件

1.7 小结

这不是我想说的全部内容。我在写作的过程中一直刻意控制篇幅，避免啰唆，经过删减，文章终于在截稿日期前提交了，心里一块大石头总算落地。本文对自己也是一次全新的反思，翻阅资料、重看笔记勾起了对陈年旧事的回忆，通过这次梳理，我又添加了更多的待办事项，要重新开始一段异常艰辛之路。由于本人才疏学浅，文中可能会有诸多错漏，欢迎指出，也希望本文能够帮到你，谢谢大家。

原标题：《回望八年摸索路，效率之魂再出发》

作者：ThomasTeng

第 2 章
高效的核心：极简

2.1 前言

和无数被滥用的词一样，"极简"这个词现在也已经被滥用了。长期关注的一位极简主义者——马努·莫雷亚莱（Manu Moreale）曾经写了几篇题为《极简主义指南》（Minimalism Guide）的文章，他提到所谓的极简不关乎视觉、设计、美学，甚至不是一种生活方式，而是一种心态（mindset），我同意他的观点。

想要把事情、物品、信息等最大限度地简化，保持干净、纯粹、有序，基于这种思维方式产生的和视觉相关的东西可以被称作"极简主义设计"，和生活习惯有关的可以被称作"极简主义生活方式"……它是一个过程，不是一个结果或形式。

关于极简，我自己有如下两个结论。

1. 极简的本质是极致的专注。

2. 极简是为了高效，高效的本质还是专注。

今天，几乎没人能做到那种古典的、纯粹的"少"——除非你生活在深山老林中，与世隔绝。所以，今天我们看到的和极简相关的话题大多是在探讨如何通过合理、恰当的方式来管理自己生活的方方面面，如物品、信息、事情、人际关系等。但是，走得太远就容易忘记为什么出发，进而落入"为了工具而工具、为了形式而形式"的境地，这也是很多谈论极简的媒体现在做的事。当然，有那么一群古典派在今天依然尽力保持纯粹的物欲上的少，活得简朴、单调，过着苦行僧般的生活……我只能说，对自己好点，别一不小心把极简弄成简陋。

和艺术家一样，几乎没有哪个人自然而然地"成为"极简主义者，天生就活成了这个样子的。一个没有极简思维的人即便生活在简单、干净、纯粹的环境中，也不能算作一个极简主义者，而一个拥有极简思维的人哪怕生活在多姿多彩、丰富庞杂的环境中，他也是极简主义者。总之，极简是一个误导性很强的词语，还是尽量少用它吧。

我个人一直以来就喜欢简单、干净、纯粹，但不知道怎么概括这一套东西，直到几年前我意识到或许用极简这个词再恰当不过。所以当你看到这个标题时希望没有被误导，所谓"极简主义生活"是 2019 年我基于极简的思维方式在生活的方方面面中探索得到的一些思考、方法和工具。

2.2　一款改变生活的软件

在 2018 年之前，我的年度计划都使用 Typora 来做。通过文本层级来分类，通过列表来排序，通过样式来标记，如图 2-1 所示（Typora 是我当时使用的唯一一款 Markdown 写作工具，它可以让我专注写作本身，而不花费过多心思去关注格式和其他）。

图 2-1　我使用 Typora 制作的年度计划

2018 年年初我接触了 Notion，于是将年度计划"搬"到了 Notion 中。又经过一年的使用摸索，到了 2019 年，Notion 已经成为我工作、生活中的重要角色。我用它记录灵感、管理目标、分配计划、整理归档。我把周记、月记、知识库、物品管理等都"搬"进了 Notion。

有人说 Notion 是一款"笔记应用"，这里需要更正一下，希望大家不要再把它当成"笔记应用"或"任务管理软件"了。我觉着它甚至不能被划分到某个具体的分类中，它提供的是一些形式，至于怎么用则取决于使用的人。在我看来，Notion 是一个世界。

2.3　极简体系

在此处需要先简单交代一下我的情况。由于兴趣比较广泛，思维比较活跃，所以除了每天 8 小时的工作，我还有太多的事要做。因此，合理权衡时间和精力，高效管理目标和任务对我来说是至关重要的。在背后支撑的就是一整套以 Notion 为核心，围绕自己兴趣爱好的运作体系——我把它称为"极简体系"。

在写这篇文章之前，我一直在构思该用什么样的形式把这套体系讲明白。因为每个维度都可以划分为多个种类，而维度之间又是相互交叉的。

- 从内容上来讲，可以划分为科技、开发、设计、影视、摄影、音乐等。
- 从形式上来讲，可以划分为在线资料库、本地资料库、浏览器收藏夹等。
- 从时间上来讲，可以划分为长期、年度、月度、每周、每日等。
- 从方向上来讲，又可以分为输入（学习吸收、信息获取）、输出（创作）等。

思来想去，我终于明白了：要说明白这件事，必须穿插着介绍这四个维度。首先，我的资料主要分布在 Notion、本地硬盘、浏览器收藏夹这 3 个地方，如图 2-2 所示，在每个地方又依据内容将其划分为各个方面。

三者的结构是基本对应的：Notion 用来对资料进行全面归档，本地硬盘用来存放那些有收藏价值的、常用的、需要快速打开的文件，浏览器收藏夹用来存放那些在线工具和资源。

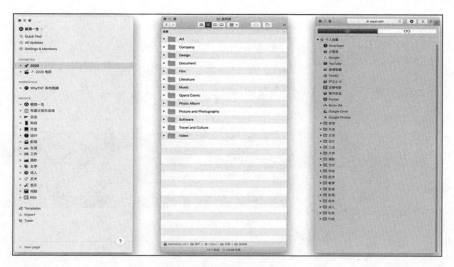

图 2-2　我的资料存储位置

2.4　从 Notion 出发

这里先以 Notion 中的"影视"板块为例，如图 2-3 所示。它划分出了"灵感书 创业板""电影""视频""创作"四栏。其他兴趣板块也都遵循"灵感书 创业板""资料库""创作"这样一个模板。"灵感书 创业板"中是要实现的目标和想做的事，以及平时记录下的相关灵感；"资料库"是对吸收的知识的总结、归档（考虑到"电影"和"视频"稍有不同，各自下边的内容又有很多，所以在"影视"板块中将两者拆分开来）；"创作"则是对输出的项目和知识的总结归档。

图 2-3　Notion 中的"影视"板块

事实上，"灵感书 创业板"是各个兴趣板块之外的一个独立板块，在它下面再划分出每个兴趣各自的"灵感书 创业板"，如图 2-4 所示。但我在 2019 年的春节假期整理时意识到，每个兴趣的"灵感书 创业板"其实都是与各自的"资料库"和"创作"紧密联系的，所以将其全部移到了各自的板块之下。

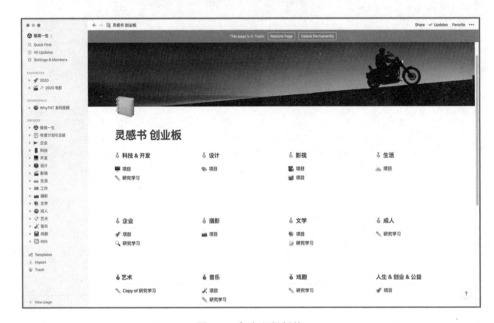

图 2-4　各个兴趣板块

2.5　从上至下，逐级细化，化整为零

接下来，按着时间顺序看一下这套体系是如何运作的。

每年年终，我会从各自的"灵感书 创业板"中提取接下来一年预计有能力实现或完成的目标，添加到每年的年度计划中。每年的年度计划存放于一个单独的"年度计划与总结"板块之下，如图 2-5 所示。制订新计划的同时还会对上一年的计划完成情况进行总结、归档。当然，有时候可能不止一年——接下来两三年基本确定要做的事会提前记录、汇总在相应的年份。

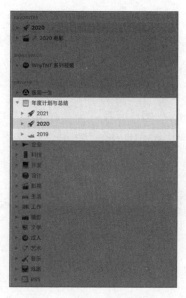

图 2-5　年度计划与总结

　　每一年的年度计划又大体分为"年度计划""月度计划""本周计划"三栏，如图 2-6 所示。"年度计划"分栏下的内容与各兴趣板块大体对应，"月度计划"分栏下是根据"年度计划"细分到每个月的任务和目标，"每周计划"则是更加细化的每周要做的事。

图 2-6　计划的细分

2019 年，随着对 Notion 使用的逐渐深入，我发现它除了可以起到一款工具的作用，还可以促使我进行更全面的思考，激发出更多的灵感，帮助我不断完善这套体系。比如，任务和目标语句的编写遵守两个原则：要将目标落实到具体行动，并最终描述为一句可执行的操作。基于此，设置如下三栏。

- 年度计划：对本年的一些总体目标的概括性描述，如对于学习日语来说是"参加 JLPT 考试，并获得证书"。
- 月度计划：必须是可执行的具体行动和量化的目标，同样以学习日语为例，到了这一步应该是"完结最后一个单元"。
- 本周计划：根据每天的时间配额进行更详细的安排。

在此之前，语句编写没有规则，目标不明确，可执行性不强，结果就是目标和任务无法验收。

除了让任务和目标更加清晰、明确，要认识到自己的局限性。比如时间上的局限性。2019 年，每当脑海里产生了一个想法和目标，我总是快速把它安排在某个时间内，而实际上，由于从整体规划来看并没有给这件事留出充足的时间，落实过程可能就会一拖再拖，最后，想法和目标将成为累赘。所以，在制订 2020 年的计划时，我大幅压缩了任务和目标。保持专注，做好主要的事情。也就是第二条原则：根据时间、精力的实际情况去制订计划，不给自己"挖填不上的坑"。

比如，在我的时间规划中，每天下班后学习日语，这时本周的日语学习计划可能就是图 2-7 所示的这样。

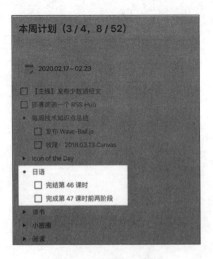

图 2-7　日语学习计划

　　基于时间规划任务，而不是像"本周完成两个课时"这样基于任务，强行将任务塞入时间内，这样一个转变让我在完成任务时更加游刃有余。其实这样安排在时间上已经相对饱和，因为没有考虑到其他事情耽误导致当天任务无法被完成的情况。这又涉及优先级问题，在后面会谈到。

　　回到时间线上。制订好本周计划以后，为了落实到每一天，我配合使用了HandShaker 和闪念胶囊。任务管理类的优秀 App 有很多，但我最终还是选择使用这两款"不那么高级"的工具，这是由于它们足够便捷，方便、快速对我而言是最重要的。

　　在电脑上通过 HandShaker 规划好以后，任务会自动同步到手机上。由于闪念胶囊是系统级的，因此，在一天中的任何时刻完成了某项任务时，我都可以方便地从侧边拉出、打钩、隐藏，如图 2-8 所示。当我在电脑上完成了某项任务时，也可以在HandShaker 中隐藏。界面和操作简单快捷，不同客户端实时保持同步，恰恰因为它们没那么"高级"，我才一直把它们当作 GTD 工具使用。

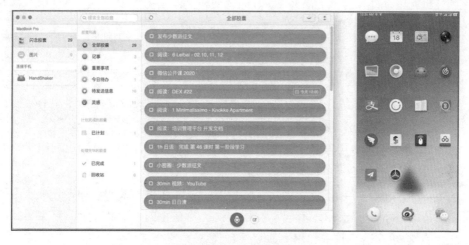

图 2-8　闪念胶囊的界面

　　不得不提的是，规划每天的胶囊任务也需要时间和精力。什么时候规划？任务如何组成？每项任务有多少时间配额？为此，我会在每天早起后花半小时做一下当天规划，这样就对一天的安排了如指掌。而为了达到高效，保证在半小时内做完，我又制订了一套流程，存放在 macOS 的备忘录中，如图 2-9 所示。

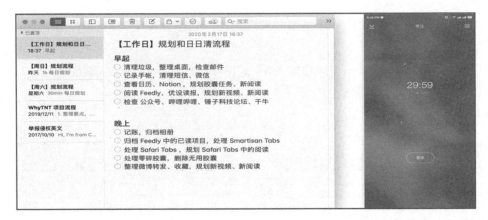

图 2-9　macOS 的备忘录界面

为什么选择使用备忘录？和使用闪念胶囊的原因一样，因为它是系统级的，足够方便、快捷。早起洗漱完后，清洁设备，打开电脑（没错，安装 Catalina 的 Mac 需要每天关机），戴上耳机，用手机打开潮汐 App，选择一种声音，开启 30 分钟专注，电脑开机完毕，打开备忘录，执行每日的规划和流程——这是一个成年人一天工作开始前短暂的独享时光。

三十分钟过去，今天的胶囊任务规划好了。现在来看一下它的构成，如图 2-10 所示。基于闪念胶囊自带的五种颜色，我将它们划分成 5 个类别，具体如下。

- ①（红色，主线任务）：每天必须完成的、需要长时间保持专注的重要任务，最多不超过 2 个。
- ②（绿色，常规任务）：每天按时完成的任务，如学习日语、利用零碎时间阅读文章等，可以根据习惯保持数量稳定。
- ③（蓝色，可选任务）：如有剩余时间，可选择完成的机动性任务；不过根据经验，只会出现时间不够用的情况，不可能有剩余时间，所以从 2019 年年初开始，我把它用来规划次日任务。
- ④（黄色，生活事项）：需要外出去办的购物等生活事项，数量不确定。
- ⑤（紫色，灵感速记）：用语音或文本速记的灵感，或浏览其他信息时通过"大爆炸"提取出来的等待处理的信息，数量不确定。

图 2-10　一天的胶囊任务规划

胶囊任务的编写也要像在 Notion 中操作一样遵守几条原则。

- 为了保证完成度，一个胶囊对应一个独立的任务，不能涉及相关联的多个任务。
- 为了保证效率且便于验收结果，任务描述要具体、清晰、可执行性强，不能模棱两可。

接下来，神奇的事情发生了。再看一遍 Notion 中每年的计划那个板块，如图 2-11 所示。可以让"年度计划""月度计划""本周计划"下面任务的颜色与闪念胶囊中任务的颜色一一对应，分属上面五种不同类别。①（红色）是今年主要实现的目标，所以在"本周计划"中放在首位；②（绿色）是需要每天都做的常规任务，可以在"本周计划"中提前规划好每天要完成的内容，到时执行即可；③（蓝色）是次要的可选任务，只在周末完成，放在最后，平时保持折叠……这种对应关系是我在使用闪念胶囊的过程中逐渐意识到的，反过来将其应用在了 Notion 中，使这套体系更加协调、自洽。

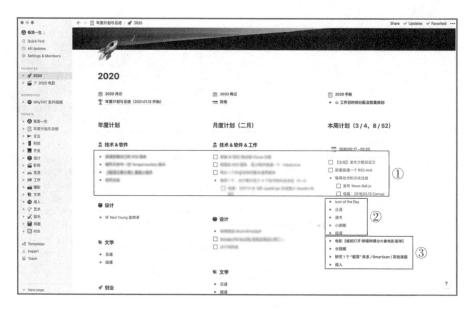

图 2-11　Notion 中的计划

2.6　由下而上，及时归档，定期清零

很多人对极简主义者的生活可能存在一种误解，认为他们在生活中时时刻刻都是干净、有条理、整洁的。其实不然，如果始终关注做事的形式和外在，很可能会丧失对事情本身的关注，极简主义生活的一个关键环节是及时归档、定期清零。

从某种程度上而言，这或许可以解释网络上流传的"桌面越乱的人创造力越强"这个说法：桌面乱可能因为你恰恰看到了他桌面没有清零的时刻，此时他在专注其他事情，而当他将极简思维从那件事情转移到周围的工作环境时，你应该就会看到他桌面不乱的一面；或者说，一个生活中到处都很"乱"的人又很优秀，那他肯定至少有一个不乱的地方——他长期专注的那件事情。

极简思维的本质是理顺事物的逻辑和结构，优化工作和生活的方方面面，以一种最简单、最直接、最有说服力的方式呈现出来。还是那句话，形式上的干净、整洁、有条理不是目的，它们是应用极简思维思考产生的结果。

前文谈到的都是关于"做事之前"和"如何做事"，也就是如何"造"，而"造"完之后要做什么？我们原路返回来看。

每天工作结束后，我会再次打开备忘录执行剩下的一半流程，进行"日日清"，如图 2-12 所示。我需要对当天的消费进行梳理；删除或归档白天保存在相册中的无用截图、图片；处理阅读过的文章，检查是否要保存、收藏，关闭阅读文章时在手机浏览器中打开的标签页；由于微博没有稍后阅读功能，所以我将白天看到的有意义但没时间看的内容临时保存在"收藏"中；处理闪念胶囊中速记的灵感或有用信息，归档到 Notion 各个兴趣板块的"灵感书 创业板"中。

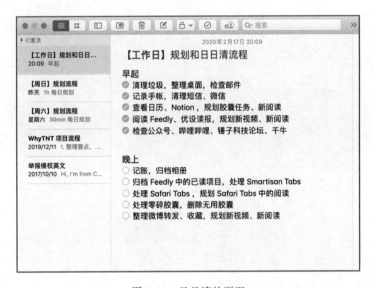

图 2-12　日日清的页面

事实上，日日清中还有一个重要环节——记手账，如图 2-13 所示。但由于部分项目零点之后才能记录，所以我将它放在了早上的半小时内。"起居注"这个模式是之前从一篇博客那里学来的，用来记录晚上几小时主要做了什么有意义的事，这一部分从 HandShaker 中前一天打钩完成的胶囊里提取。我从 2019 年开始重视睡眠问题，尽量让自己不熬夜，所以创建了"睡觉时间记录"这个打卡来提醒自己放下手机去睡觉，从 00:30 到 00:15 逐渐提前这个边界，寻找健康和效率的平衡点。"日语学习记录""手机使用时间记录"的作用类似。

每周结束后，我会在周末两天对本周任务进行归档、总结，进行"周周清"，同时制订下周计划。我在周末早上也会执行一套流程，做当天规划。当然，周末不必像工作日那样紧张，时间上可以相对灵活一些，任务中可以包括一些娱乐性活动。但无论如何一定要做规划，否则会感觉一天过得很随便，时间都被浪费掉了。此外，为了让周周清落到实处，留下记录，我从 2019 年年初开始尝试每周写周记。一年下来积累了 51 篇周记，感觉非常好，因为这可以让每周的安排都在掌握之中。

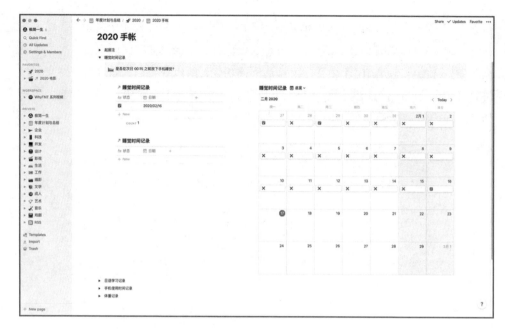

图 2-13　手账

在 2019 年，我的周记还是用 Typora 来写的，编好一个固定模板以后，每周复制。得益于 Notion 的数据库功能，2020 年我已经把周记全部搬到了 Notion 中，同时对模板内容做了调整优化，如图 2-14 所示。

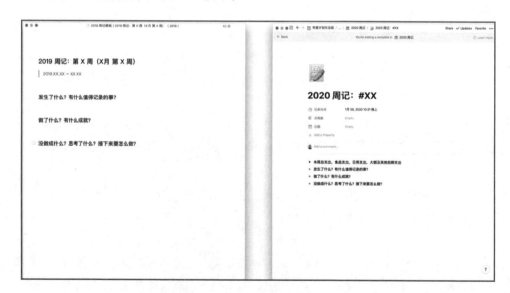

图 2-14　Notion 中的周记

　　每月结束后我会在月末花一天时间对本月归档、总结，同时制订下月计划。不同于周记的简短干练，月记模板是按内容划分的，如图 2-15 所示。记录过去一个月在每个方面做了什么，达到了什么成就。

图 2-15　月记模板

　　同样的道理，每年年终要对过去的一年进行归档、总结，如图 2-16 所示。回头看看在几个兴趣方面做了什么，有什么成就，同时从各自的"灵感书 创业板"中提取出接下来一年要做的事，制订新的年度计划。对于总结，我确定了图 2-16 所示的这几个方向。比如 2019 年的总结在《2019 年度总结之电影》和《2019：野蛮生长》这部分，欢迎感兴趣的朋友查看。

　　在制订新的年度计划时，我还会用给未来写封信 App 给一年后的自己寄一封信，如图 2-17 所示。一年后看看年初立下的目标是否都已达成。比如，过去两年设立的目标都没达成，所以今年的内容是根据实际情况，从年度计划规划好的任务中提取几个主要目标。

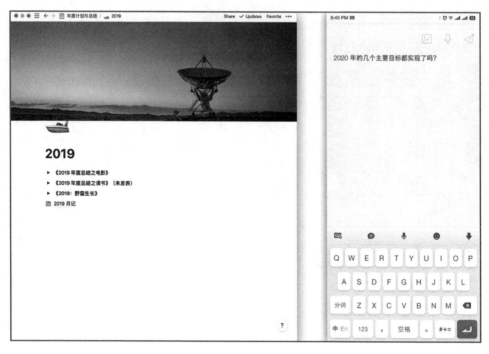

图 2-16　归档、总结

图 2-17　给未来写封信 App

　　以上是以时间为单位的归档、总结。除此之外，还有以项目为单位的归档总结。下面再次以电影为例。当我遇到一部想看的电影时，会打开豆瓣将其海报保存在本地。同时还需要保存电影的相关信息，所以我把这些信息放在海报图片的"名称"字段内。为了方便查找，要保证图片文件整洁、有序，所以在给文件命名时会遵循一套标准格式，同时利用 Finder 的标签对不同作品加以分类，如图 2-18 所示。

图 2-18　用 Finder 的标签对不同作品加以分类

　　和使用备忘录记录规划流程一样，使用 Finder 管理电影同样是因为它是系统应用，足够方便、快捷。但我逐渐发现这样做在效率上存在很大问题。事实上，遇到某部想看的电影时可能只是脑子一热，眼下并没有时间去看，或一口气归档一个长长的电影清单，这样"照单全收"会把时间都浪费在了重复性的无用操作上。

　　后来，我调整了思路。遇到想看的电影时先快速把其关键信息记录在 Notion 数据库里，并通过标签分类，让 Notion 数据库作为一个缓存区，如图 2-19 所示。等看完之后，再归档到本地。将执行归档操作的时间分散到看完每一部影片之后。

　　我在逐渐优化这个流程的过程中也注意到一些关乎体验的细节。比如，Finder 默认显示的那些"修改日期""创建日期""种类"分栏在大多数情况下其实用不到，在电影相关的文件夹内我关心的只是"名称"和"标签"。所以把其他统统隐藏，使它达到了一个简单、干净的状态。再一次强调，形式上的极简不是目的，它是运用极简思维思考产生的结果。

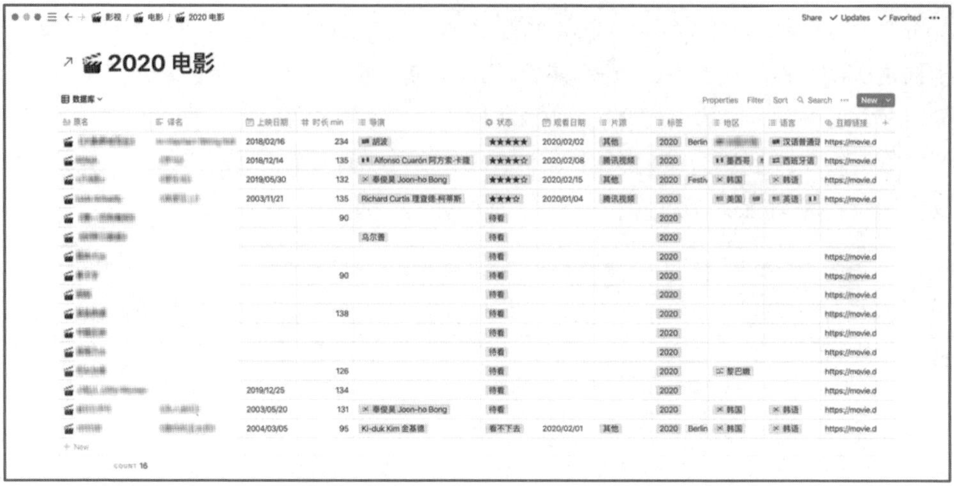

图 2-19　让 Notion 数据库作为一个缓存区

2.7　优化中间环节，提高行事效率

至此，这套体系的整体运作流程讲得差不多了。除此之外，其中每一环的相关细节对这套体系的正常高效运转也起着至关重要的作用。

从信息获取来说，我越来越意识到这个世界的信息增长速度越来越快，如果人（尤其是兴趣广泛且好奇心比较强的人）不对信息进行筛选，不能应对信息增长的速度，终究要被信息爆炸所淹没。

我的信息获取来源主要有三个：微信订阅号、微博、RSS。

在 2019 年之前，我没怎么关注过微信订阅号，直到有一天我注意到这里的小红点越来越多，而其中很多内容对自己来说是无用的，从来没读过，我才意识到应该开始精简它们。和大多数人一样，一开始我完全无从下手，因为不知道自己对这些内容有多大需求。但如果告诉你关注的 112 个公众号中有 45 个服务号，有 8 个已经被封号或暂停服务，有 10 个上次推送发生在一年前……相信问题就简单多了。基于这个思路，我不再关注那些从来没看过的和推送频率过于频繁的账号（我认为优质的内容必须经过时间沉淀），关闭了那些服务类账号，对出于感情不再看但也不想失联的账号勾选了"接受文章推送"选项。如此一来，我发现真正关心的内容完全可以压缩在一块屏幕的范围内，如图 2-20 所示。

图 2-20   优化后的公众号界面

微博在本质上也是一种订阅。但它的消息推送频率远比订阅号要高得多，信息也是极其碎片化的。所以，我尽量不把时间浪费在碎片化的浏览微博上，只在中午和晚上集中阅读两次。就像之前在"日日清"中提到的，对于浏览过程中遇到的较长内容，收藏起来稍后阅读。对于收藏中需要花费大量时间集中处理的内容，则通过标签加以分类，留给周末处理。相比订阅号，由于其更新频率比较高，所以可以及时调整订阅，保证关注的基本都是对自己有用的账号。

如果认识到订阅是主动获取信息的一个重要手法，那使用 RSS 就是必不可少的了。试过很多阅读器后，最终我只留下了 Feedly 这款软件，原因主要有三个：界面不丑；有安卓版和网页版；功能足够强大，如图 2-21 所示。在电脑上，我使用网页版而没有用客户端，因为我讨厌阅读器把各种不同的网页统一成同样的样式，这会让人错过那些体验非常好的原生页面。所以，我在一个标签页中打开 Feedly，依次浏览，看到有趣的则按着 Command 键单击鼠标，在后台标签页中打开，大概浏览一遍后再逐个阅读。对于稍长的内容，则打上 "Read Later" 标记，利用白天的碎片化时间进行阅读。用客户端则要不断在客户端和浏览器之间切换，体验非常割裂。毕竟它对我来说只是一个自动抓取信息的工具。

图 2-21　Feedly 的界面

对于 RSS 订阅源的选择我经历了几个阶段。最开始接触 RSS 时，我看到订阅链接就一股脑儿照单全收，甚至还会问其他人有没有什么好玩的订阅源可以分享，订阅量爆发式增长。结果可想而知，未读订阅越来越多。和订阅号一样，在第二阶段我剔除了那些不关心的、质量不怎么高的和推送太频繁的订阅源。但是最后留下的依然比较多，所以我又引入了分级机制。为了在视觉上一目了然，主次分明，我将 🏅🥈🥉 这三个 emoji 图标放在订阅源名称前，以方便排序，具体规则如下。

- 🏅是最喜欢的，推送质量普遍高，优先阅读。
- 🥈是次喜欢的，可能偶尔有一两篇优质内容，有时间再阅读。
- 🥉是不怎么喜欢但可能会出现对自己有用的信息的，大致浏览，无须细读。

当然，在最外层我也依据兴趣类别先划分了几个目录，和 Notion 中的兴趣板块大体对应。此外，还有一些微妙的习惯也起着重要作用。比如，勾选设置中的"Hide Empty Feeds in Left Navigation"选项可以将无新推送的目录隐藏，只专注新内容。再比如在阅读时，我认为每个内容或课题都是依附于浏览器标签页的，由于 Feedly 的标签页的绿色异常醒目，我把它看作一个"分隔符"。左侧是待处理的内容，右侧是当前要处理的内容，如图 2-22 所示。当下我只需要关心右侧的一个或几个页面，在研究处理过程中产生的新标签页也只会位于右边。当一项内容或课题处理完毕，Feedly 的标签页右侧为空时，再从左侧提取，以保持专注。

图 2-22　对标签页分类

这种 GTD 思路同样体现在桌面上。由于 macOS 默认从右向左排列，因此我的桌面靠右分成三块区域，如图 2-23 所示。右侧第二列上方是常用的一些文件，如你所见，大多是一些快捷链接，而不是文件本身；下方是本周会用到的相关文件；最右边的一列是今天要用到的文件。

这也是我没有把常用文件和本周文件放在最右边的原因：下载的文件会自动排列在这里，从浏览器拖曳保存文件时也只需要将浏览器向左拉出一列的宽度，始终保证最右侧一列有足够的空间即可。在每天早上 30 分钟的规划中，有一个"整理桌面"环节，就是处理这一列的文件——在保证效率的前提下，尽量兼顾视觉美感。

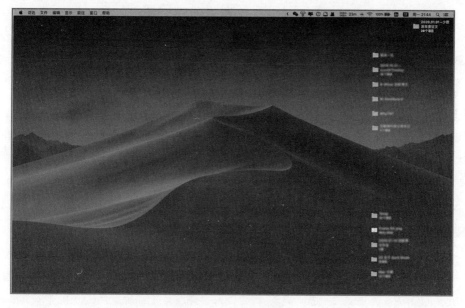

图 2-23　我的桌面

在 Feedly 中利用 🏅🏅🏅 划分层级的思路也被我应用在了其他地方。比如，在 Safari 浏览器的收藏夹中，我将常用的、质量比较高的工具和资源类网站打上🏅标记，下次遇到类似问题和需求时，我就可以快速知道应该打开哪些网站，如图 2-24 所示。

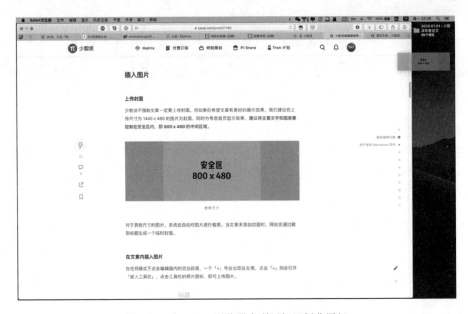

图 2-24　在 Safari 浏览器中利用标记划分层级

说到这里必须强调一下：很多工具汇总类、资源汇总类网站的出发点可能就不正确，工具和资源是根据问题和需求确定的，所以，入口不应该是一开始就把一堆东西"堆"在你面前，而是应该先了解用户有什么需求，要解决什么问题，然后再提供相应的工具和资源。这就解释了为什么收藏夹里的网站越来越多，而真正用过的却没几个。

所以，就在写这篇文章期间，我又开始了将浏览器收藏夹"搬"到 Notion 中的漫漫长路。利用 Notion 数据库的标签，我可以给工具和资源划分优先级、分类、备注关键词。得益于 Notion 搜索功能的增强，我只需要在浏览器中保存几个 Notion 标签页，遇到问题时就可以在对应分类的 Notion 页搜索关键词，再通过优先级筛选出对应的工具和资源。

为了实践分级思路。我在本地 Finder 的"电影-海报"文件夹下将常用的几个分类打上🏅，以让它们在按名称排序时集中位于最前面，同时也更加显眼，并且使用 Finder 的标签系统建立"颜色-状态"对应体系，并改写了系统默认的几个标签，如图 2-25 所示。

图 2-25　颜色与状态对应

- 用绿色表示最好、已经审核通过，将系统对应内容改写为"系统-已完成"。
- 用蓝色表示较好、进行中，将系统对应内容改写为"系统-进行中"。
- 用橙色表示需要完善、待处理，将系统对应内容改写为"系统-待处理"。
- 用黄色表示需要观察、暂时挂起，将系统对应内容改写为"系统-挂起"。
- 用红色表示有问题、警告，将系统对应内容改写为"系统-警告"。
- 用紫色表示等待查询、需要再次处理，将系统对应改写为"系统-复查"。

而为了方便快速查找、检索，本地文件的命名和层级划分又遵循一套统一的规范。为了让所有目录结构都在掌握之中，我用 MindNode 绘制目录树，并将命名规范记录在其中，如图 2-26 所示。

为什么单独选择一个应用来记录目录树？因为 Notion 还没有思维导图功能，暂时没办法合并相应内容，因此只能在形式上尽量统一。比如，2019 年的手账我是用 Numbers 记录的，其中包括"消费记录""收入记录""资产负债记录""俯卧撑记录""手机使用时间记录"。但受限于 macOS 的生态，有时候想在手机上编辑会无能为力，并且用 Numbers 记账时统计之类的功能需要亲自精心设计，由于和 Notion 分属两种形式，在操作上也有些烦琐。所以，2020 年我将手账也全部"搬"进了 Notion，其中的记账部分使用 MoneyWiz 来完成。

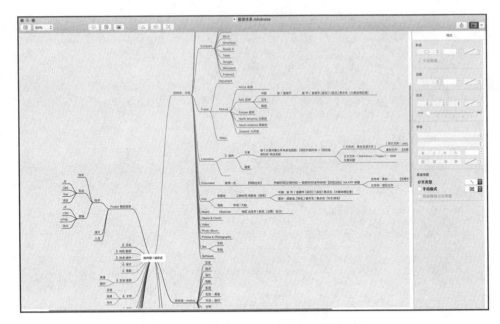

图 2-26 用 MindNode 绘制的目录树

手账中除了与财务相关的内容，其他都是养成习惯类的内容。对于养成习惯，我采用的是"日历提醒+表格记录"的模式，而没有使用第三方 App。在日历中设定一个每天提醒的任务，次日早上做规划时将完成情况反馈在手账中。在手账中则使用"☑""✖"这两个简单的标记，通过颜色差异我可以对当前的情况一目了然，进而知道接下来如何改进，如图 2-27 所示。

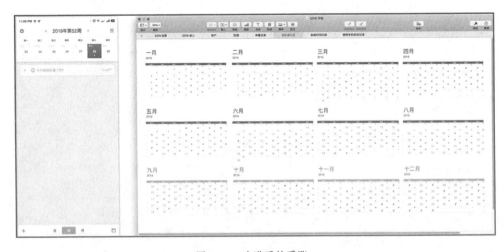

图 2-27 改进后的手账

比如，我从 2018 年年底开始按照这种模式每天做俯卧撑。一年下来，我的最大运动量从最开始的两三个发展到了后来的二十个，效果非常明显。

最后，贯穿于整个体系的一种最重要的优化方式是随时调整。我早期会利用早上坐电梯的零碎时间清理一下微信中没用的聊天，但后来逐渐发现：工作群中的一些文件需要我及时归档至电脑中，但手头没电脑，所以就没办法删除当前聊天，结果就是一直没机会处理这条聊天，直到最后文件过期。所以，我又刻意把归档至电脑加入了早晨的规划流程内。当然，也可以通过云同步等方式解决这个问题，这就涉及接下来的内容。

2.8　体系之外

说这么多，这套体系的运作终究是依附在一个个工具之上的。但不应为了使用工具而使用工具，而是应该从具体的需求出发选择合适的工具。但是，工具的易用性、稳定性仍然对它的运作起着关键作用。很多时候，某个工具出现细小问题就会拖慢效率，进而影响整个体系的节奏。所以，在生活和工作中我又涌现出许多体系之外的、关于工具本身的灵感。

比如在手账的"手机使用时间"部分，之前在 Numbers 中我可以生成图表，并设置一条 5 小时的红线，以起到警示作用，如图 2-28 所示。但由于 Notion 没有图表，因此没法使用警示功能。虽然可以通过 Notion Charts 插件做出图表，但功能仍不如 Numbers 完善。

在我的月记模板中，有部分是对公众号、小密圈等平台的数据的总结，但在本文完稿时我们只能用手抄的方式来记录，比较烦琐，而且这些数据是随时变化的。要是可以从这些平台获取数据并直接发送到 Notion，实现"日历-闪念胶囊- Notion"联动，在日历和胶囊中勾选完成后，Notion 能同步得到反馈，自动化完成一部分工作，则可以节省出不少时间。

说到自动化，还有一个重复性操作比较多的事情——记账。MoneyWiz 无法同步支付宝、微信或国内银行卡的消费记录，只能手动录入。虽然看过少数派网友提供的其他方法，比如只用一张银行卡，但在我看来还是有些不够"极简"。为此，我在考虑将来自己开发一款记账应用。

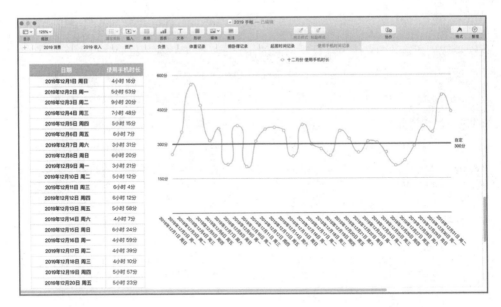

图 2-28   Numbers 中的图表

此外，长时间的重复性机械操作还容易带来肉体上的疲劳和损害。由于我长时间使用电脑且姿势不正确，手腕等部位在 2019 年开始酸痛，甚至会突然出现被针扎一样的神经抽搐，这引起了我的注意。当然，也可以通过优化流程来节省时间、提高效率、放松身体。比如之前提到的保存电影海报时对信息归档，由于都是固定的命名规范，完全可以通过脚本自动生成文件名并保存。

而在这个过程中，遇到那些很长的电影片单时我又想"要是能有一种类似网易云歌单那样的通用交换格式，可以将片单、书单直接导入、筛选、保存就好了"。这里不得不提微博的收藏功能。用户可以在网页端通过标签对微博进行分类，但在手机端则没法实现这个操作（收藏的内容纯粹是按收藏时间排序的），用户只能在"我的赞"中对微博添加标签，如图 2-29 所示。可谁会想要去管理点赞过的微博呢？

图 2-29   对微博添加标签

对于软件出现的 bug 等问题，解决周期可能是相对比较长的。如我长期以来基本只用 Finder 的列表视图，但是在列表视图下名称分栏很多时候会特别窄，文件名显示不全，并且每次的变化毫无规律，如图 2-30 所示。在网上搜索得到的结果都是"在列表视图下如何调整默认分栏宽度"之类的结果。在这种情况下，我只能到各种论坛上求助。花了一周左右的时间终于在 V2EX 上得到了一位"大神"的回复，确定方法有效后，我马上将它记录、归档在 Notion 中。

图 2-30　调整列表视图的显示效果的方法

最后，需要付出大量心血去定制的另一部分内容是 RSS。有人说 RSS 过时了，殊不知很多网站又在逐渐加上 RSS 功能。我每天都读的"优设读报"栏目从诞生之初就有 RSS 功能。

在不断调整微博中的关注用户的过程中，我注意到一个现象：自己看到一个喜欢的演员或明星，总是先关注，然后没多久又取消关注。后来我意识到其实我只关心他们的作品，并不怎么关心他们的生活和言论，所以我真正应该订阅的是"豆瓣"中他们的作品列表，而不是社交网络（但在本文完稿时"豆瓣"作品页还没有订阅链接）。我对 RSSHub 的那句口号——万物皆可 RSS——是非常认同的。

除了上边提到的这些，体系之外、关于工具本身还有太多的课题需要我去研究、解决，并将它们成果化、体系化，如文件同步方案、截图录屏方案、词典方案……后续我将先从 RSSHub 入手，逐个击破，使这套体系逐渐完善，把它打造成一个高内聚、低耦合系统。

2.9　小结

这套体系的建立是一个滚雪球的过程。在 2019 年之前，我是一个连年度计划都只会用 Typora 来写的人，更不用说什么任务管理、行事流程、信息筛选、内容分级这些东西了。我怎么都没有想到自己能在一年时间内创造出这么大一个系统。毫不夸张地说，自从用 Notion 记录灵感、管理目标和任务后，我觉得自己至少在十年内不用担心无事可做。当然，我知道这更多是因为自己兴趣比较广泛，但毫无疑问，Notion 加速了这个滚雪球的过程。工具的核心价值是提高效率，而在这个过程中若它还能起到帮助使用者思考、改善思维方式的作用，我想已经不能仅仅用优秀来形容它了。

人们一说起极简总觉着是一小部分人搞出的名堂。事实上，它存在于生活的方方面面。因为人们想把事情做好，想把事物的逻辑梳理清楚，想呈现出一种简单、直接的形式。

自从我将几大块兴趣板块搬进 Notion，这条探索之路即已开始。这其中的每个细节背后其实都有太多的内容可以展开来讲。等到我走得更远时，显然文本已经不足以承载这些内容，在我的想象中它应该是视频，希望能早日带着它与你们相见。

我不断在这些方面探索，是因为我相信这些思路、方法、工具会让人思考时逻辑更缜密，做事时思维更清晰，行动更高效、更快捷，表达更简单、更直接……总之，让人变得更好。无论外界如何，哪怕孤身一人，也能从容应对。

原标题：《2019 我的极简生活》

作者：minimalis tro jan

第 3 章
用 UNIX 的哲学选择效率工具

UNIX 是 "祖父级别" 的操作系统，在目前主流的 macOS、Windows、Linux（包括 Android）系统出现之前就已经诞生，深深地影响了当代操作系统的发展。现在流行的各类操作系统都和它有着千丝万缕的联系，这里简单列举如下。

- Mac 中的 macOS 是基于 UNIX 的一个版本，Apple 因此经常骄傲地说自己比微软的系统更安全、更稳定。
- Linux 的创始人林纳斯·托瓦兹（Linus Torvalds）参照当时流行的小型类 UNIX 系统（Minix）开发了一个类似的系统，起名为 Linux（意指 Linus 的 Minix）。
- Windows 虽然不是直接来自 UNIX，但 UNIX 催生的计算机语言（如 C 语言）及操作系统思想（管道、进程、信号等）深刻影响了 Windows 的发展。微软甚至研发过一个纯粹的 UNIX 系统——Xenix，后来发现在商业化上不如 Windows 成功，于是放弃了。

以上这一切都和 "UNIX 的哲学" 有关。虽然这个哲学本身也备受争议且很可能不是一个传统意义上完全正确的理念，但我仍然觉得这个哲学还是深深影响了一代甚至几代人，至少在效率应用的选择上如此。即使放到今天，这些理念仍旧很有启发性。

3.1 哲学？听起来好像很无聊

哲学虽然听起来很深奥，但换种提法（如方法论、原则、理念……）可能就很容易被理解了。不过，这里请允许我还是使用哲学这个词，因为 "UNIX 的哲学" 本身就是一个固定搭配了。大家如有兴趣，可以在海内外网站中以这个词为关键词搜索到无数的内容和意见。UNIX 的哲学有很多个衍生版本，和效率这个话题有关的大概有

3 条。

1. 一个应用尽可能只关注一个目标。

2. 尽可能让多个应用互相协调、组合。

3. 一切皆文件。

在介绍我坚信的 UNIX 的哲学之前，我想诚实地告诉大家自己是怎么发现 UNIX 的哲学的。我并不是一个传统的 UNIX 的用户，我除了在上大学时听说过 UNIX 这个名字，之后在工作中与它几乎再无交集。我一度以为 UNIX 就像历史书上一个不重要人物的名字一样，也许值得一提，但不必深究。我也不喜欢传统的 UNIX 的非图形化交互方式，因为这需要我记住很多命令、参数、命令和命令的组合、命令和参数的组合……让人使用 UNIX 感觉就像是参加一个神秘的仪式。

我了解到 UNIX 的哲学，并不是因为"UNIX"这个关键词，而是因为"哲学"这个关键词。

出于职业习惯，我使用过很多效率工具，其中部分是帮助企业设计、改善工作流程的。随着使用的工具越来越多，对企业需求的了解也越来越深，我发现了一些规律，如很多缺乏相关经验却坚持要上"大而全"系统的企业后来都不能得到想要的理想效果。起初，我并没有把这些规律上升到哲学层面，但是随着积累，我觉得这些现象、规律隐约和人们提到的一些理念（如小而美、专注做好一件事、目标导向等）有着微妙的联系。如果再深入一些，当我把这些规律归纳到一起时，"UNIX 的哲学"这个搭配就自然而然地浮出水面了。这时候我才记起了 UNIX 这个名字。

UNIX 诞生和发展的早期正处于 20 世纪 60 年代至 80 年代，由于当时反越战运动风起云涌、嬉皮士文化的流行、自由至上主义的发展等原因，崇尚自由的理念一直贯穿在 UNIX 的哲学中。

这时，我觉得自己一直"折腾"的很多事情（如各式各样的效率工具）是在舍本逐末。我们可能是想获得某种程度的"自由"，但最终被各种工具所束缚。我们究竟是被自己的"哲学"所指引？还是被一些工具的"宣传语"所吸引？或者仅仅为了跟上某种"流行趋势"？

例如，我一度很迷恋 GTD 工具，然而如果不需要深度分解任务，或没有很强烈的协作需求，很多时候手机自带的免费的提醒功能或便签功能就已经可以满足需求了。通俗来说，买一盒牛奶这种事情不值得我们为之匹配复杂的工具，复杂的工具反而会限制我们的自由。

带着这种想法，我开始重新审视这个诞生于 20 世纪的 UNIX 的哲学是如何启发我们的。

3.2　理念一：一个应用尽可能只关注一个目标

我通过观察自己及周围人的经历发现大量的悲剧发生在"对目标的把握失衡"上，喜欢 A 却和 B 交往，最后选择 C 的例子数不胜数。我个人一度在手机上安装了超过 10 个待办清单工具，并在相当长的一段时间内混用这些工具。我有时会把工作类事情记录在 OmniFocus 上，因为它非常适合分解任务和回顾；有时也会把任务记录在奇妙清单（被微软收购后更名为 Microsoft To Do）上，因为它足够轻量且可以快速调用，还支持跨平台使用；有时会将日程记录在 Fantastical 上；有时则通过 Things 安排活动；一时兴起还会将内容临时记录到系统自带的备忘录中。这样操作以后，我已经很难记清重要的任务在哪里了，切换不同工具来记录任务的过程也非常痛苦，软件给我的不再是"自由"，而是"负担"。如果不对软件进行挨个检查，很可能会遗漏什么。如此不便，我使用待办清单工具的目的又何在？

经过反思，我发现是自己对使用待办清单工具的目标不明确导致自己随心所欲地使用了多个工具，降低了效率。想明白以后，我重新梳理了使用待办清单工具的目标——非协作、可以进行跨平台提醒。这不是适用于所有人的标准，但是适用于我的目标，因为我在工作中有成熟的协作工具，因此不需要待办清单工具，我最迫切的需求是跨系统、跨平台提醒。明确了目标之后，我采用了 Todoist，将其变成了我唯一使用的待办清单工具。

理解自己的目标虽然很重要，但如果不知道自己近期最需要的是什么，只知道堆砌各种流行的功能，不仅会导致项目无边界蔓延影响交付期限，也会导致企业增加额外的成本。如某老板有一个创意，希望用 App 来承载，并提出 App 要能在社交软件中推广，能充值，能支付，能收集并跟踪用户意见，能打通与其他应用的接口，能 3D 展示，能启用 AI 客服自动和用户沟通……这一切要一次完成，而此时这个想法的商业可行性还没有被充分验证过。这就是典型的弄混了目标，在这个案例中，最重要的目标应该是快速验证创意，如果需要的话，再逐步迭代或替换以添加功能，每次满足一个目标，直至接近完美。我周围比较成功的创业者都非常注重目标，有些工具和产品非常简陋甚至是一次性的，但足够用，能把某些看似微不足道但重要的需求满足到极致。

一个应用如果是为了提升效率，最好明确提升了什么效率，否则也会陷入大而全的陷阱。根据 UNIX 的哲学，什么都做的应用往往就是什么都做不好的应用，如果想成为专业人士，自己要有清醒的意识，清楚我是谁、我在哪里、我为什么使用这类效率工具，弄清楚了这些问题以后再开始动手。

3.3　理念二：尽可能让多个应用互相协调、组合

前面提到了 UNIX 的哲学不相信存在"万灵药"一样的应用。如果我们自己观察，也许会发现应用其实很像我们身边的人，有各种能力，有各种优点和缺点。聪明的管理者把人组织起来，形成团队以实现更高的目标。与此类似，聪明的用户应该找到各类应用的特点，将它们排列组合，以得到满足需求的最优组合。

UNIX 的哲学是面向现实的哲学，即首先承认应用都是有弱点的，然后才是动手搭配，这也是"分工经济"的体现，如我不会钓鱼，但我会做面包，那我可以拿面包换鱼吃，在这种情况下，做好面包是我的本分。这种哲学相信我们生生不息的经济活动生态圈都是被看不见的手所主导的。从小的方向上看，我们未必人人都会去管理一个团队，但几乎人人都在管理自己的手机、手环、平板电脑、笔记本电脑等一台或多台设备及其中形形色色的应用，这和组织一个团队是同样的道理。

我很喜欢桌面端的文章撰写应用 Typora，将它与 iCloud 配合，可以实现"以 iCloud 作为存储介质，在电脑端使用 Typora 编辑，在手机上使用 iA Writer 查看或轻量编辑"的效果。这三者在移动端、桌面端、云端各有所长，相互配合。我选择这样一个"3件套"，不是想要求大家也这么做，而是出于 UNIX 的哲学所倡导理念，具体如下。

3.3.1　避免被单一应用"绑架"

一个"超级应用"的确让人省力，不过过于集中的风险也是巨大的。一个既能编辑又能云存储，既是跨平台还有各种附加能力的超级应用会让我眼界变窄，产生依赖。

- 按照"能躺着绝不站着"的原则，一旦习惯了"超级应用"带来的便利，我几乎不会去寻找替代品。
- 即使去找，也很难找到第二个完全匹配的"全功能"替代品。
- 即使找到替代品，迁移历史数据也很困难（有些应用开发方会人为制造这种困难）。
- 即使可以迁移数据，操作习惯也会发生变化，需要重新适应。

- 我对于超级应用的任何不足都只能忍气吞声，因为我不想为了书写而对整个方案进行重构。

比起重构整个方案，逐步替换不满意的组件是个理想的渐进过程，风险小到可以忽略。比如，一旦 iCloud 不可用了，OneDrive 可以无缝衔接上。我相信 20 世纪开发 UNIX 的先驱对于系统的集中性风险显然有过认真的考虑。

基于 UNIX 的哲学，我的原则是"没有哪个应用可以成为'工作流'的绝对主导，每个应用必须和其他应用配合使用，而且有备选项"。

3.3.2　实现 1+1>2

1+1>2 是因为存在协同效应，形象来说，小李和小王一个人装箱、一个人搬运，效率要比每个人既装箱又搬运高，现代工厂的流水线机制就是基于这样的原理。各种信息化工作流在很大程度上就是把工作分解到不同的角色、阶段、应用，并且使信息在其中高效流转的过程。

工具、应用的作用也是一样的，UNIX 下无数让人头疼的命令、工具就是在贯彻这种精神，如果仔细去看，会发现命令和命令、应用和应用的组合多种多样，这种组合基本可以应对 UNIX 中的任何需求。虽然我认为普通人没有必要了解如此分工、组合的细节，但是组合的概念也许能让我们获益良多。

3.4　理念三：一切皆文件

UNIX 的这个理念存在争议，但是希望可以给大家带来启发。UNIX 认为文件是一种信息输入、输出的高度抽象，因此可以把一个文档、一个程序，甚至一块内存、一台显示器都看成文件，看成可以按照操作文件的方式操作的资源。那么，强调文件有什么好处呢？我认为可以从以下几点进行考虑。

3.4.1　方便实现"组合胜过单干"的理念

很多工具都提供各式各样的接口，每个接口都需要对接设计。而使用文件（尤其是开放文档格式的文件）可以省去很多麻烦，例如，文本文件就是天然的统一接口。信息处理双方不需要从零开始定义如何交换信息，因此可以把精力放在内容上，而不是如何转换格式，或者制定接口协议上。就像如果大家都使用同一种语言，那就可以把精力集中在讨论事情上，省去了翻译的麻烦。但这样做也有缺点，使用文件不是在所有场景都是最高效的交流手段，不过在日常工作甚至不少可以自动化操作的工作流当中，文件都是足以胜任的。

3.4.2 降低处理信息的操作成本

操作文件是信息处理的基本操作，不少其他的信息操作都是操作文件的一种模拟。如果某个工作流以实用为导向，不需要过多考虑面向所有人的体验，那么，不如直接基于文件进行处理。这样可以省下很多操作成本。

3.4.3 满足备份、归档、积累的需求

如果我们开始接受一切皆文件的理念，就应该能意识到文件也是信息处理的统一终点。我的所有重要信息，如果需要归档或备份，一定要转存为电子文件，而且一定要在本地保留至少两份文件。曾经的云盘停服事件导致不少人不得不在最后停服前和大家一起集中下载，这些经历提醒我没有必要把归档、备份放在外面，因为只要事前稍做安排，就能自己掌握主动权，但前提是信息都采用文件的形式保存。截至 2021 年，主流的文件存储方式的相对成本（每字节单价）已经很低，而且存储方式也很多，所以，我现在的习惯是坚决不用"不能将数据导出为文件的应用"和"可以导出为文件，但不能将数据导出为公开格式的文件的应用"，因为里面的信息无法被有效归档和备份。

3.5 小结

无论大家是认同还是反对 UNIX 的哲学，开发 UNIX 的各位先驱们都给我们提供了不同的理念和选择，我发现如果从 UNIX 的哲学这个角度来看待各类工具、应用，能帮助我解答很多疑惑，甚至可以将 UNIX 的哲学扩展，应用在业务分析、团队管理上。最后，希望 UNIX 的哲学可以启发各位，从而发现每个人自己心中的"独角兽"！

原标题：《在工具应用选择上，为什么我开始相信 UNIX 哲学？》

作者：效率火箭

第 4 章
对比 Windows 与 macOS 的生产力

对我个人而言，2019 年是充满变化的一年。在这一年里，我从美国回到国内，走出学校，走上了工作岗位。地理位置和社会角色的改变在生活中有所反映，但或许是因为习惯了比较简单而规律的生活方式，这些变化对我的日常生活的影响并没有想象中那么大。

然而，生活的重要组成部分——我的数字生活——却因此迎来了不少新的挑战。我把 2019 年的很多时间花在了应对这些挑战上，在调整完成以后，我想对自己的经验和思考做一次总结，希望能给大家启发。

4.1 一次失败的"叛逃"经历——使用 macOS 和 Windows 双平台办公

4.1.1 两个契机

在 2019 年以前，使用 Windows 平台已经是我的一段渐行渐远的记忆。和很多同龄人一样，我也是在 Windows 平台上完成了对电脑的启蒙，但自从带着 MacBook 上大学以后，很久没有使用 Windows 平台作为主力平台了。

不过，2019 年的两次契机让我在多年后重新开始了自己对 Windows 平台的学习。

先是在 2019 年 4 月我筹划为自己的房间添置一台小主机，拿它当软路由（如图 4-1 所示）及自己在外面时 iPad 可以远程控制的主机。最初的计划是继续选择熟悉的 Mac，买一台刚获得重大更新的 Mac mini。但在调研过程中体积更小、成本更低、配置更灵活的英特尔第八代 NUC 意外进入了我的视野，就这样，我迎来了自己阔别许久的一台新的 Windows 设备。

图 4-1　英特尔 NUC

随后，更重要的契机发生在 2019 年 9 月。参加工作以后，单位为我配发了一台 ThinkPad X390 作为办公电脑。本来，我并不介意背着 MacBook Pro 上下班，对使用 Windows 设备进行办公的效率也没有信心。但国内办公环境毕竟还是以 Windows 配合 Office 为主流，考虑到多储备一些相关经验没有坏处。于是，我便把这台 ThinkPad 当作主力设备，希望通过类似"断奶"的方式驱使自己再次熟悉 Windows 平台。

4.1.2　刮目相看

尽管与 Windows 平台的重逢多少有些不情愿的因素——一次是迫于贫穷，一次是迫于"饭碗"，但实际尝试的感受却让我颇感意外。

我承认自己曾经对 Windows 平台存在一些刻板的印象，这或许与我上一次主力使用的版本（Windows 8）有关。在 Windows 8 中，微软试图将针对移动设备的 Metro UI 推广到桌面端，但不仅让系统显得不伦不类，也让本就平庸的界面更加混乱、割裂。我还记得每次安装系统后都要立即安装第三方主题和 MacType 来改善视觉效果。此外，我当时刚开始对命令行和代码产生兴趣，但 Windows 平台对于开发环境的支持很不好，连使用 SSH 这种基本功能都要另外安装软件，这给新手学习带来了很大不便。因此，在遇到 macOS（旧称 Mac OS X）时，其美观的界面和与 UNIX 的亲缘关系让我如沐春风。

但 2019 年重新上手 Windows 平台时，它的进步却让我刮目相看。

外观方面，Windows 10 已经拥有了一套完整的设计系统，如图 4-2 所示，系统的美观度和界面统一性因此都获得了显著进步。

图 4-2　Windows 10 操作系统

Windows 10 也摘掉了"对命令行不友好"的"帽子"。例如，WSL（Windows Subsystem for Linux）的加入让使用 Linux 命令管理、编辑 Windows 下的文件变得非常简单。我在工作中经常需要整理大批层级很深的文件夹，并对其批量重命名、比较差异等。通过使用 WSL，我可以继续使用熟悉的 find、grep 和 diff 等命令完成任务。这大大减少了我从 macOS 平台迁移过来的陌生感。

系统自带的新一代命令行工具 PowerShell 也让我感到耳目一新，如图 4-3 所示。与基于文本流的 UNIX Shell 不同，PowerShell 将一切输入输出当作对象。因此，即使一句简单的 echo "hello world" 打印出的字符串也可以通过.Length 方法获得其长度，或通过.CompareTo 方法与另一个字符串比较。这在运行单条命令时或许体现不出什么差别，但在需要多条命令协作时能节约不少时间。

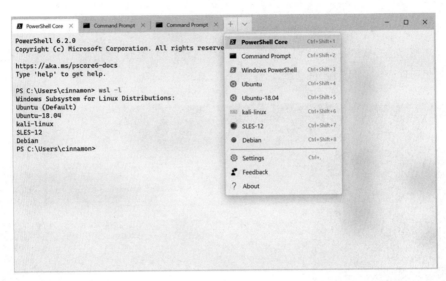

图 4-3　运行在 Windows Terminal 中的 PowerShell

软件的迁移也远比想象中顺利。在换用 Windows 平台进行办公之前，我并不担心会在应用软件的迁移上遇到困难。毕竟，浏览器、聊天软件这些常用软件基本都是跨平台的，而每天使用的 Office "全家桶"则更是只有在 Windows 平台上才能发挥全部实力。我担心的是自己熟悉的 macOS 平台的效率和自动化工具没有对应的 Windows 版本，但事实表明这种担心是多余的。Windows 平台不仅不缺自动化软件，而且很多软件功能更强、成本更低。例如，快捷启动工具 Listary（如图 4-4 所示）不仅能与 LaunchBar 和 Alfred 匹敌，还附赠了类似 Default Folder X 的增强保存对话框的功能；QTTabBar 支持下的资源管理器几乎能让 Finder 相形见绌；最令人印象深刻的要数 AutoHotKey，它的脚本能力让用户能轻松实现键位修改（代替 Karabiner）、文件监控（代替 Hazel）等功能，而且还免费。

最后，Windows 平台在 NUC 上做服务器系统也有模有样，如图 4-5 所示。虽然这个组合可能入不了资深运维人员的"法眼"，但 Windows 自带的 IIS、活动目录等管理工具可以让我零基础完成内网 WebDAV、FTP 等服务的搭建及权限管理，使用 OpenWRT 软路由完成组网的需求也可以通过内置的虚拟机——Hyper-V 得到满足。反观 macOS，在苹果大幅削减 macOS Server 的功能后，这些任务反倒都要求助于第三方软件了。此外，Windows 的远程桌面功能基于的 RDP 协议虽然不如 macOS 和 Linux 上的 VNC 协议的适用面广，但功能和性能表现却更好，如无须额外配置就能串流声音、自适应客户端的分辨率等。这为我用 iPad 远程访问桌面软件提供了很大的便利。

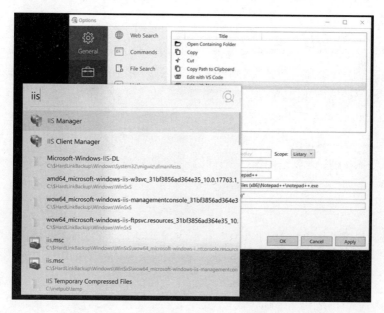

图 4-4　Listary

图 4-5　通过 Jump Desktop 远程访问 NUC

4.1.3　功亏一篑

本以为从此可以舒服地用 Windows 平台办公，但没过两个月，Windows 平台的各
种"痛点"却又把我赶回了 macOS 平台。

在这些"痛点"中，有的是 Windows 平台自身的"老毛病"，但让我最头疼的是对高分辨率显示器和多显示器的支持不足。由于经常需要打开多个浏览器窗口并同时编辑多个文档，外接显示器是我工作中不可或缺的。我使用的是 21.5 英寸的旧款 LG UltraFine 4K 显示器，物理分辨率为 4096 像素×2304 像素。在 Windows 平台上，如果按整数倍（如 200%）的比例缩放，屏幕元素就显得过大；如果设置为按 175%等非整数比例缩放，实际效果就很"考验运气"，经常是窗口边框正确缩放，内容却尺寸如旧或显示模糊。在显示器之间拖动窗口时，还会明显观察到比例切换带来的延迟，甚至打乱窗口的布局。加上 Windows 平台的字体渲染不佳问题，在 Windows 环境下使用高分辨率显示器在很多时候会给使用体验"减分"。

此外，尽管 Windows 10 加入了类似 macOS 的多桌面（或称工作区）功能，但在操作逻辑上却明显不同，让我感到困惑而难以适应。在 macOS 中，工作区是依附于显示器的，其范围就是显示器的四边。因此，可以在主显示器和外接显示器间拖动工作区。将一个窗口拖到外接显示器上，也就必然把它拖到了另一工作区。但 Windows 却采取了一种完全相反的逻辑，如图 4-6 所示。显示器是依附于工作区的，一个工作区同时包含了主显示器和外接显示器的空间。因此，无法将工作区单独指定给主显示器或外接显示器，也不能将其在两者之间移动。将窗口跨越屏幕拖动并不会改变它所处的工作区；如果此后切换工作区，这个窗口仍然会消失，因为两台显示器都在显示另一个工作区了。

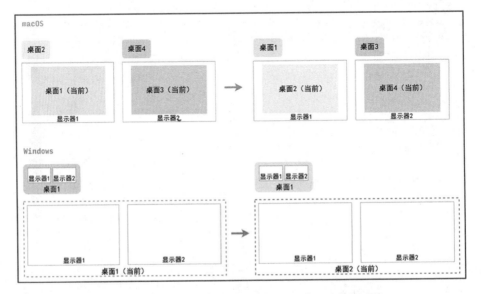

图 4-6　macOS 平台和 Windows 平台的工作区功能的区别

我并不否认 Windows 平台的设计可能有其合理性，但非常不符合我的需求。我用外接显示器主要就是为了将一些不需要经常操作、但需要保持关注的窗口（如邮件、微信、参考文档）"钉"在固定位置，"解放"出另一台显示器用于写作、检索等主要任务。Windows 平台的设计在很大程度上排斥了这种使用场景（我知道可以设置某窗口"在所有桌面上显示"，但这毕竟还是一种妥协，也缺少灵活性）。

另一些"痛点"则来自第三方软件的支持不足。在软件方面，之前提及的进步基本只限于系统本身和微软开发的软件。一旦将目光转向第三方软件，时光似乎就又回了上一个十年。Windows 平台固然不缺软件可用，但它们的设计感和易用性却仍然普遍低于 macOS 平台的软件。很多软件就像是一个厌倦了工作的窗口接待员：我可以帮你办成事，但也别指望给你什么好脸色。

不同的软件风格和很低的操作一致性也让人痛苦。随手打开几个软件，你的桌面很可能就变成了一张各个版本的 Windows 风格"几代同堂"的"全家福"，如图 4-7 所示。有的是崭新的 UWP 风格的应用，带着时髦的亚克力质感的侧边菜单；有的则依旧保留着早年的 Aero 风格和 Ribbon 工具栏，闪亮的水晶图标掩饰不住与时代的脱节；更有"披着 Windows 9x 时代灰色素装的长者"，浑身上下透露出历史的沧桑感。

图 4-7　风格各异的 Windows 软件

在硬件方面，公司配发的 ThinkPad 在工作中的表现也令我大跌眼镜。平心而论，电脑的硬件配置算是很优秀的：X390 的定位虽然低于作为旗舰的 X1，但仍然属于高端的 X 系列，配备的 i7 处理器、16GB 内存和 512GB NVMe SSD 基本也都是可选配置中的高档硬件。但这台机器完全没有体现出与其定位相称的"素质"。首先，X390 的屏幕显示效果十分堪忧。标配的 1080P 雾面屏亮度不足且色彩暗淡，仿佛刚从漂白液里捞出来。在打开几个浏览器窗口和 Word 文档的负载下，它的电池可以在两个小时内从 100%降到 20%以下，"轻薄便携"和"商用"的标签因此也只能是说说而已了。

更大的问题在于性能表现。无论我如何调整节能和功耗配置，只要连接外接显示器，如图 4-8 所示，X390 几乎必然会在几十分钟后开始降频，最终挣扎在 600MHz 到 800MHz 的区间内，并且除了重启不能恢复。在这样的极端低频下，即使打开资源管理器这样的简单操作都会变得极其缓慢，更不用提使用浏览器和 Office 这类资源占用率高的应用了。

图 4-8　X390 连接外接显示器

ThinkPad 的性能优化存在问题成了我离开 Windows 平台的最后一个理由。如果说操作逻辑的不同还可以适应、软件质量的平庸可以忍耐，但在老板要求发文件时突然死机，或者因为软件崩溃让数小时的工作功亏一篑，就让人无法忍受了。

表面上看，这些软硬件问题并不是 Windows 的责任。但一个平台的软硬件质量在很大程度上取决于平台给开发者和厂商提供了什么样的资源。Ars Technica 的资深 Windows 撰稿人彼得·布赖特（Peter Bright）就曾在比较 Windows 平台和 macOS 平台的软件开发生态时指出微软没有给软件开发者提供足够的工具。例如，如果 macOS 开发者需要给软件加一个文本框，那么，NSTextView 不仅提供了统一的文本框样式，

还附带了拼写检查、撤销、设置文本格式、自动折行等一系列相关功能。而开发
Windows 软件时，很多类似效果的实现需要开发者自力更生，功能缺失和不一致性因
此随之而来。此外，微软为了维持 Windows 的兼容性，让系统背上了沉重的历史包袱，
也削弱了开发者采用新技术、迁移到新架构的动力。

类似的道理，微软虽然不能手把手帮厂商优化 Windows 硬件，但至少应该为厂商
提供更多的标准和指导。微软并非没有做过类似尝试，如与厂商合作推出 "Signature
Edition" 特别机型，或通过 Windows Hardware Lab Kit 认证指导硬件设计等，但似乎
都沦为口号，成效十分有限。

显然，要真正改善 Windows 平台发展不均衡的现状，避免让大力投入成为一种 "自
娱自乐"，微软还需要更大的决心和毅力。

4.1.4　功不唐捐

尽管我重新拥抱 Windows 平台的尝试以失败告终，但这段经历也没有让我空手而
归。

首先，最明显的收获是我复习了不少 Windows 和 Office 技能，了解了一批
Windows 平台的优秀软件，并积累了常用的自动化流程在 macOS 平台之外的实
现方法。

其次，从一个软件爱好者的角度看，深度使用 Windows 平台让我抛弃了对它的刻
板印象和有色眼镜，在回过头来评价 macOS 平台时，也有了新的参照系。macOS 平
台并不处处都比 Windows 平台更好，相反，制约 Windows 平台软件质量的很多因素
如今在 macOS 平台上也有抬头之势。例如，Catalyst 让开发者和用户都感到困惑，
macOS Catalina 激进的安全策略严重影响了第三方软件的正常运行，开发文档的质量
出现明显下滑等。

最后，在两个系统上使用跨平台软件的体验也让我感到跨平台的趋势并不会像很
多评论者认为的那样，让操作系统的区别变得无关紧要。Electron 等开发框架只是为
软件运行提供了一个移动舞台，但最终的 "演出效果" 仍然取决于操作系统的保障服
务（如性能优化、字体渲染等）的水平和开发者的用心程度。用户可能不关心或不了
解自己用的是什么平台，但并不代表他们对于软件的差异和优劣就没有感知。正如
Twitterrific 的开发者在评价 Catalyst 时说的：框架给跨平台开发带来的简便只是假象；
没有为不同平台进行有针对性的优化，没有对交互和设计的认真思考，就不可能做出
真正优秀的跨平台软件。

4.2 "一切程序都是过滤器"——对生产力软件的重新思考

工作对我的数字生活的另一项影响是改变了我评价和选择生产力软件的思路。一方面，由于要处理的任务的性质相对稳定，我对于工具的需求变得更加明确；另一方面，有限的闲暇时间也不允许我再以"玩玩具"的心态四处"尝鲜"和频繁迁移。

以评价生产力工具的典型代表——任务管理软件为例。此前，我用过的任务管理软件不可谓不多，对于它们各自的特征也都略知一二，但如果问我如何选择，我还是只能诉诸功能多少。实际上，现有的多数评测文章的思路也是"甲软件中的任务具有某些属性，乙软件中的任务具有某些属性；乙软件的属性设置更灵活，因此更好"。但这种"比大小"的思路多少有些颠倒了主次。任务是独立于记录介质而存在的，它产生于生活和工作的真实需求。任务管理软件并不能凭空"创建"任务，而只能"刻画"现实中存在的任务。这种刻画可能有角度、详略之分，但刻画的对象——任务——并不因此而受到影响。Todoist 不支持设置任务的"开始日期"，但一项任务并不因为被记在 Todoist 中就不可能到未来某天才有条件执行；OmniFocus 的组织层级反映了开发者对任务管理的理解，如图 4-9 所示，因此直到 3.0 版才支持为任务添加多个"情景"，但记在其中的任务显然不是随着版本升级才"一夜之间"涉及了生活的多个方面。

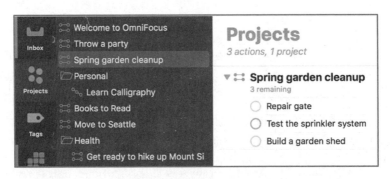

图 4-9 OmniFocus 的组织层级反映了开发者对任务管理的理解

此外，既然是刻画，就必然存在遗漏，因为可能的观察角度是无限的。但"遗漏"并不等同于缺陷，而是不同软件主动取舍的产物，也是它们各自的特征甚至优势所在。实际上，任何任务管理软件在本质上都是一个"过滤器"，都代表着开发者基于对任务的理解创作的一套过滤规则。

这就解释了为什么任务管理软件市场看似一片红海，但仍有源源不断的新产品被开发出来—— 一千位用户可能有一千个理解任务的角度，任何一种描述方式都有其潜在的受众。OmniFocus 的追随者可能很难想象一个任务没有开始日期，但 Todoist 阵营却认为这是为了一览无余和便于管理，需要开始日期反而说明任务分解得还不够细。反过来，其他软件的用户可能习惯了将任务随意移动，但 OmniFocus 却坚持任务必须依附于项目，而不能被直接放在文件夹中，否则说明分类可能存在赘余。

可见，选择一个任务管理软件就是选择一种对任务的描述方式，就是在给开发者所宣传的那套过滤规则"投票"。既然如此，评价的标准就不应该是"比大小"，而是这些方式和规则在多大程度上符合自己的理解、契合自己的需求。

同样的方法也可以推广到对其他生产力软件的选择上。例如，对于写作类工具，要被刻画的对象就是文档。那么，一份文档是一篇独立的作品，还是完整项目中的一页草稿？整理文档的方法除了利用标题和日期，是否还包括写概要、贴标签？文档能不能添加附件、能不能相互引用？

对于这些问题的不同回答，最终就反映为软件的不同功能体系和操作逻辑。如果采取"白纸加铅笔"的极简模式，就会做出 Byword 这样的纯 Markdown 编辑器。在此基础上引入文档库、附件等概念，然后逐渐进化到 iA Writer 和 Ulysses 这些写作、管理一体化工具。而如果将复杂度推到极致，将写作描述为一个系统性、多阶段和非线性的项目，就催生出了 Scrivener 这样的"写作 IDE"，如图 4-10 所示。它的强大和复杂正是因为允许开发者通过标签、关键词、概要、完成状态等足够多元的角度刻画文档（还嫌不足的用户甚至可以自定义所需的属性）。而 Corkboard、Outliner 等令人眼花缭乱的功能在本质上都是一些预置的过滤规则，以将具有特定属性的文档筛选出来，并以卡片、大纲等形式呈现。

Scrivener 往往被认为特别适用于写小说等长篇作品。究其原因，正是它对写作这件事的描述方式精准契合了作家的需求，如以鸟瞰视角随意排布记录灵感的卡片，以时间线方式串联涉及特定角色的段落等。反过来说，如果你的需求只是做速记或写短文，或者习惯一气呵成的写作方式，那么自然会对 Scrivener 的体系和设计感到烦琐和困惑。

这种将软件看成过滤器的思路并不是我的原创。在《Linux/UNIX 设计思想》（*Linux and the UNIX Philosophy*）一书中，迈克·甘察日（Mike Gancarz）就阐述过这种思想，并将其上升为 Linux/UNIX 的一种"信条"。在他看来，计算机不能创造信息，只是在处理信息，把信息从一种形式转换为另一种形式——进行过滤。

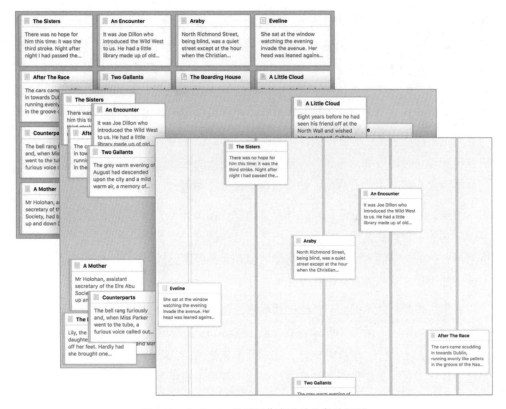

图 4-10　Scrivener 针对写作者设计的各种视图

　　当然，迈克·甘察日的目标读者是开发者，意在通过让他们认清软件作为过滤器的角色，在开发时注重提高兼容性和普适性。但换一个角度，这也能指导用户在选择软件时，更多地从自身出发，而不是"拿着解法找问题"。

　　你可能发现我还没有介绍自己最终都选择了哪些生产力工具。但其实如果上面的说法都是对的，你现在应该也不关心这个问题的答案了。

4.3　如何"自动化"别人——自动化的局限

　　2019 年年底，一篇题为《别学写代码——学会自动化》（*Don't Learn to Code — Learn to Automate*）的文章在 Hacker News 上被发表出来并受到热议。文章本身的观点并不新颖，无非是鼓励读者不要畏惧学习编程的高门槛，应该从发现身边可以被自动化的任务做起，在需求驱动下自然而然地入门编程。

　　但善于批判性思考的 Hacker News 用户们似乎对此不太认可，他们指出：在工作环境下，自动化并不总是可行的。例如，排名最高的评论就认为："对于发现问题的员工而言，问题不在于没有能力自动化，而在于有某些因素压倒性地阻碍着自动化。"

根据这则评论和其他用户在回应中的补充，这些"阻碍因素"包括：自动化方案的适用面过于狭窄、失败导致的返工成本、向他人解释或推广的困难等。简单来说，在工作环境下，自动化可能带来的有限收益无法覆盖为之付出的成本和潜在的失败风险。

如果放在过去，我可能会有些不以为然——哪里有什么阻碍，无非是惯性思维作祟罢了。但在自己参加工作并经历了几次不那么成功的尝试后，我对于这些评论描述的问题有了切身体会。

我从事的法律工作虽然通常被认为更接近所谓的脑力劳动，是"创造性"的。但"创造"却也是以大量的重复性劳动为基础的。例如，为了支撑法律报告中的一句结论，事前可能需要到商标局的网站上搜集数百个商标的申请信息，或者到数十个政府部门网站上核查是否存在负面记录并截图、汇总等。按道理说，这些都是适合用自动化代替人工的典型任务。我在刚上手时也是第一时间感到手工处理的低效，并积极寻求通过程序解决的方式，如图 4-11 所示。但事实证明，这些尝试最终并没有明显减少完成工作所需的时间，而其原因也印证了 Hacker News 的讨论。

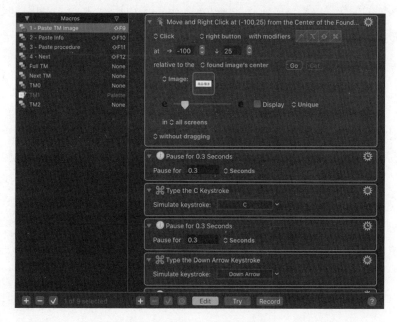

图 4-11　简化从商标局网站收集商标信息的 Keyboard Maestro Macro

首先，自动化固然适合处理烦琐、重复的工作，但其逆命题却并不成立——烦琐、重复的工作未必容易被自动化。某些网站登峰造极的反爬虫、IP 限流机制，以及工作中某些明显不合理却不得不遵从的格式要求，都可能为自动化带来无法克服的障碍。当然，这多少是因为我作为一个非科班出身的业余爱好者，编程能力确实有限。但即使有能力克服技术障碍，针对一个项目、一类模板找出的自动化流程，很可能因为需求、格式的细微变化，在其他项目、模板上毫无用武之地，自动化的"性价比"由此受到了极大限制。

其次，手工操作虽然烦琐，但却具有结果可控、时间可预期的好处——只要老老实实做下去，总有"熬出头"的时候。即使因为失误耽误了时间，至少也能因为付出的劳动而博得点"同情分"，更容易得到谅解。相反，一旦在使用自动化的技巧时出问题，导致耽误期限或不合要求，只能自己承担全部的风险，而很难向他人解释。

再次，工作中大多数任务都是需要团队协作的，一个人效率的提高并不足以拉动团队的效率，但自动化却经常是难以被推广的。琢磨出如何使用 Word 的邮件合并功能自动将上百张截图插入多个文档的指定位置是一回事，以一种通俗易懂的方式向不知域代码为何物的同事介绍这种方法却是另一回事了。

最后，从有些自私的角度来说，工作是干不完的。即使通过自动化的方式更高效地完成烦琐的工作，由于这些任务本身并没有什么技术含量，所以不会因此收获更多赞许，得来的可能只是更多的工作。

总之，当场景从个人研究切换到工作时，自动化就从一个纯粹的技术问题变成了一个同时涉及人际关系、组织关系和组织文化的综合性问题，而这些附加因素是不可能靠代码解决的。一句话，你可以"自动化"自己，却没法"自动化"别人。

不过，尽管被现实泼了些冷水，我继续实践自动化的动力并没有因此消失。每当被安排完成那些劳动密集型的工作时，我还是会首先考虑是否存在通过自动化更快完成的方法。结果，工作几个月来，我反而"东一榔头西一棒槌"地积攒了不少之前陌生的命令行脚本、网页前端和 Office VBA 相关知识，写起正则表达式也越来越自然了。

自己大费周章找出的自动化方案诚然可能只适用于一个任务，但在探索过程中积累的经验和技巧却是可以复用的。退一步说，哪怕最终没有找到任何捷径，思考和尝试自动化的过程也至少能让我对于任务本身有更清晰的认识，在手动完成时少走弯路。

最重要的是，思考本身就是令人愉悦的。如果劳动终究无法避免，有什么理由不让自己更开心呢？

4.4　小结

如何总结工作对我数字生活产生的影响？从某种程度上来说，它似乎让我变得更"挑剔"了。毕竟，当从纯粹的兴趣驱动着自己与设备和软件打交道，变为用它们服务于一些非常具体、需要为之负责的需求时，自然会在做选择时更加谨慎，更看重稳定而非新奇，更功利地计较投入产出比。但挑剔也可能是包容。正因为知道了自己的选择是出于职业生涯中特定的场景和需求，所以才不会武断地否定别人的选择。正因为发现了自动化的诸多制约因素，才会尊重别人的操作习惯，不将自己的流程强加于人。

当然，我在本文完稿时的工作经历还太过短暂，远不足以让我对这个问题做出定论。事实上，就在我试图通过这篇文章对现有思考做出总结的同时，现实生活的变化仍然在不停地塑造着我的数字生活。但在这不停出现的变化中有一些令我稍感安心的发现：现实生活和数字生活的空间并不是此消彼长的，它们正如两个迎面相遇的地壳板块，碰撞的边界将上升成为新的山峰。

原标题：《当数字生活与工作相遇》

作者：Platy Hsu

第二篇

计划管理：
主宰自己的人生

第 5 章
制订计划

5.1　制订年度计划的起因

制订年度计划不是因为大家都在做。实际上，我认为年度计划不是对每个人都是必需的，下面几种情况就不适合制订年度计划。

（1）个人执行力尚未达到所制定目标对应的执行力要求。这个道理很好懂，对于年度计划之一是减肥的人们来说，他们需要评估从现阶段到实现目标之间需要花费多少意志力和执行力，但是一般来说，量化方法是缺乏的。在缺乏统计数据的情况下，人们往往容易高估自己的执行力，导致计划执行延迟、任务堆积和沮丧情绪。

（2）制订计划的成本可能远超实现目标的成就。建立个人体系可能会消耗很多精力。如果在制订完之后筋疲力尽甚至无法进行计划的实施，对于一些人来说计划就成了空洞、无效的理论，如果过度注意计划的执行情况导致执行不能分配到合理的精力会导致得不偿失。

（3）我们不需要通过制订计划来生活。大概在我小学二年级的时候，《名侦探柯南》中的一集对我的触动特别大，对我的自我塑造产生了极大影响。内容很简单，讲的是一位女性每天通过同样的路径通勤，而一个蓄谋已久的仇敌通过观察摸透了她一成不变的生活方式，进而将其杀害。于是我希望自己的生活不能是单调、稳定、局限的，一是出于安全考虑，二是因为冒险家精神让生活更有趣。但制订计划就意味着在计划的范围内人生是确定的，除非"制订计划是为了控制确定性以创造或对抗不确定因素"。这句话听起来可能不够完美，但却接近制订冒险计划的逻辑。当然，人仍旧是由范式构成的。既定的、继承的、习惯的生活意味着它们经过测试或考验，具有稳定性，能够给人安全感，同时也是解决新问题的基石。而且不同于企业制订的战略计划、个人的年度计划，几乎都是不周密的、指向性的。需要说明的是，年度计划并不是人生计划，它需要坚实的执行力，只不过它们鲜活、灵巧、松散、具有充分的可调整空间。

制订年度计划是为了指明新一年前进的方向，产生规划零碎任务的标准，提高对时间的掌控力。当然，也可以将其狭义地定义为时间限度以年为单位的计划集合。

5.2　制订年度计划的步骤

5.2.1　第一步：个体分析和环境预测

由于年度计划的时间跨度大，影响力也会相应提升，即对个人的改善效果会更显著，因此要从更大的分类着手分析。

个体分析是衡量哪些方面会对我们的幸福产生影响，比如常见的事业、学业、兴趣、健康、感情、家庭、财务、人际关系等。这将成为计划执行的内部动力。环境预测则是通过考察外部压力对分类进行补充，并对本年的主要时间有所了解，以便制订具体计划时不与它们冲突，比如确定的考试时间和对应的提前一个月的复习会占用很大一部分精力，应该提前妥善安排。一个值得说明的地方是，两个不同方向提供的动力可能归结到同一个方面。举例来说，对于某个理论的兴趣属于个人内在的学习动力，而大纲上规定的课程则提供了外在的学习压力，两者最终都可以被归类于学习类别下。

分类的作用在于将执行不同类别的任务区别对待，这样才能将计划内的精力分配与实际执行能力匹配，一来不至于出现全身心投入事业而导致身体出现大问题的状况，二来不至于由于"雨露均沾"导致个人发展缺乏明确的指向。

经过分类之后，需要了解每个类分别处在什么状态，这时需要在各个方面进行更细致的考察。比如关于健康方面，可以细分为精神健康和身体健康，然后尝试问自己一些具体问题，如下面这样。

1. 每天早上起床的动力是什么？

2. 过去这段时间的情绪起伏程度如何？

3. 睡前容易感到充实还是空虚？

4. 当陌生状况出现时第一反应是紧张还是兴奋？

可以查询更可靠的标准或量表来评估自己各方面的状况，但即使仅仅通过自问自答，不诉诸任何规范也能够对各方面的现状有了解。

在明确情况以后，我们就应该考虑每个类别在年度计划中需要安排多少精力，或者说为了改善和提升这方面愿意付出多少时间和意志力。我们可以提出希望改善的方面，比如在问自己"一年陪伴家人的时间有多少"之后，如果觉得时间不足，陪伴家人就成为计划中需要补足的一方面。这一步通常是出现"我要减肥"等口号的环节。

进一步分析以后还可以提出展望。一个需要说明的情况是，展望不仅可以属于某个分类，也有可能以同时提升某几个方面的愿景的形式出现，比如"我要在 2020 年玩遍欧洲十国"。尽管可以为了这些特殊情况把类别改成标签再考察，但分类仅仅是为了让我们对年度计划的方向有更清晰的认识，所以不必过度拘泥于具体形式。

5.2.2　第二步：参考上一个计划周期的效果

我们可以分两种情况考察计划：可量化的；不可量化的。

此前没有做过年度计划的群体和做了年度计划但是并没有具体考察指标的群体殊途同归，对他们的计划只能进行不可量化的考察。对于没有年度计划的群体，可以完成短周期（如月度）计划的执行力作为参考。

可量化的计划提供了清晰的图景，让年度计划不至于成为空中楼阁。需要分析的数据只有完成不同类别的任务的时长、完成的数量和有效的考察周期，并非所有的类别都使用统一的参考标准来考察执行情况，这也是需要将影响因素分类的原因。

如果没有任何可供参考的数据，就应该开始回顾前一年及之前的生活。此时要注意，这种回忆很容易像泥沼般将人纠缠住，导致注意力转移到过去的故事上，而不再关注制订计划。要牢记：我们更需要注意的是以上列出的方面在过去的表现，利用具体的问题来衡量。例如，如果目标是让体脂率下降，考察时就不应该单纯检查完身体好不好就戛然而止。

关于如何回顾和调整计划，可以参考我在少数派网站（sspai.com）上所写的《如何建立个人体系的防崩溃机制》这篇文章。

在回顾以往计划的时候，一个重要的步骤是考察自己的执行力。@涨汤在《有效避免任务堆积的任务管理实践》这篇文章中提到的利用平均值来估计执行力是一个非常常见且有效的方法。我们可以考察在每个类别下执行任务的时长、数量和速度，评估自己对于某个侧重的方面的执行力有多强，进而知道分配多少精力才是合适的。但是，也要注意到针对不同类别的任务，分配精力的标准也不尽相同。因此，除了参考自己的任务时间，还可以通过借鉴他人的经验来确定合理标准。如果执行水平在已知水平之下，就说明需要分配更多的精力。

5.2.3 第三步：确定计划的重点

确定计划的重点实际上就是分配总精力。5.1 节提到，不同方面获得的精力可能是截然不同的。如果把影响人生幸福的各方面当作木桶效应中的木板的话，我们就可以根据现状和平均水平的差距进行精力分配。如果不满足于仅仅达到平均水平，而希望其成为佼佼者，对相应的方面进行调整即可。

具体来说，如果希望学业成为生活的重心，那么分配在学业上的精力应该超出其他方面许多，也应该超过大多数人在学习上花费的平均时间。

由于一年、一月和一日的时间都是固定的，因此，时长或完成速率可以成为我们衡量精力最有效的标准。但是这也并不唯一，简单任务显然比复杂任务需要花费的时间更少，完成速度也更快。那些能够使用肌肉记忆的劳作型任务几乎不消耗任何精力，反而可以作为任务衔接时的休闲。

根据心理预期对其排序后，我们就知道在兼顾各方面的情况下如何投入时间才能保证生活正常、顺利地运转。这一步常常被制订计划者忽略，我在刚刚接触任务体系的那段时间，也因为能够全身心地投入学习而兴奋得忘乎所以，导致身体素质急速下降，希望大家引以为戒。确定计划的重点实际上也提醒了计划制订者应该减少分配给非重点计划的精力，避免顾此失彼。

5.2.4 第四步：制定目标、划分阶段并确定量化指标

在我看来，个人年度计划应该是轻松的，它不是一本具体的指导全年每一天如何认真度过的"说明书"，而更像是一条宽阔的道路，选择哪条车道都可以通往最后的目的地。年度计划应该保留足够的灵活性，以应对执行计划中可能出现的各种意外。不同于周计划和月度计划（这两者由于时间跨度短，如果留太多余地会由于积累效应使整个计划的完成度降低），年度计划像是战略和纲领，使得我们在明确的目标下有充分的发挥空间。也正因为如此，年度计划中的具体任务的时间粒度应该比较大，不需要细致入微。

我们根据上一步的排序从天马行空的灵感着手来分配任务，诸如"对自己好一些""学会独处""保留一份孩子气"这种信手拈来的想法都是可以的。因为除了年度计划，没有其他地方能够让你把这些事情当作梦想来实现。一个"采摘"灵感的好方法是从后往前看，想象自己现在已经处在年末总结的阶段，哪些已经实现的事情能够让自己觉得这一年过得充实、有意义呢？

接下来，以分解灵感为目标。首先找到行为或行为组，使得当其完成时你能够确定自己实现了这个梦想，比如，"学会独处"可以分解为一系列一个人完成的行为，如"一个人看电影""一个人吃火锅""一个人旅行并写旅行日记"等，这一步可以参考 WikiHow。

显然，根据时长和难度不同，做任务不能一蹴而就，而应该从简单的小任务开始做，直到完成某一系列任务后标记为一个阶段。给任务划分阶段是因为总计划的时间通常很长，很容易因为坚持不下去而全盘放弃。划定阶段就像是在前进的路上埋下里程碑式的"自我鼓励点"，让自己能够在年度计划中保持稳定的执行力。

确定量化指标一是为了获得勾选复选框的乐趣，二是为了使目标能够明确地被实现。如果不确定量化指标，任务的实现很可能可望而不可即，进而失去效力。当然，如何确定量化指标是难点，一个很好的着手点是从次数、总时长或平均时长着手，比如目标是"学会控制情绪"，任务是"减少生气的次数"，量化指标是"当弹错音时不砸琴，并坚持 50 次"。

除了量化任务自身的指标，还需要考察执行力。可以通过坚持的时长、完成任务的数量和有效的周期数这三个指标考查执行力。如果单位时间内完成某类任务的数量多，说明完成这类任务所需的精力少，针对这类任务的执行力强。

无论如何，任务都应该在一定时间内被完成，明确的时限能够增强个人的执行意志。

5.2.5 第五步：执行、回顾和调整

实际上，大多数人的年度计划失去效力发生在这一步。当然，我说的并不是在执行这一步（尽管很多人说自己不能完成任务的原因是执行力不足），而是执行后的调整步骤。在量化指标明确的情况下，如果只是由于执行力不足而无法完成任务，可以下调指标对应的门槛，使得完成阶段性任务变得轻松，这只不过是将一个超长的年度计划"拍碎"，多加几个里程碑罢了。大多数人失败的原因是缺乏检视、回顾、自省、复盘，没有意识到尝试完成任务后的调整才是使得任务持续被推进的关键。

这也正是为什么年度计划需要保持松散的原因，如果年度计划制订得"滴水不漏"，那么，我们无法在调整的时候延长任何任务的周期，任务自然容易失效。

除此之外，前文没有提到但经常出现的一类任务是借鉴既定的任务分配形式。比如目标是"学会 Photoshop"并找到了系列课程，因此任务变成了"第一课""第二课"……由于时间跨度以年为单位，故也可以将计划并入年度计划的范围内。这是一

种好方法，但我们常常出现执行不力的情况，其中一个原因是限定的任务完成密度太高了，或目标和其他任何目标都没有关系，这种"悬空"状态容易使我们在执行一段时间后判断这类目标是毫无用处的，进而放弃执行。解决方法也很简单，根据执行情况和精力做判断，而不是下意识地做判断。因为"悬空"状态的任务以后也可以成为用来延伸其他任务的核心。

5.3　小结

如果想让计划保持长期的生命力，需要注意以下几点。

1. **任务需要明确、可量化、合理、有针对性、有时间限制**。

2. **关注任务连续性和任务之间的连接**。由于年度计划起到了统筹规划的作用，因此，我们更能够关注那些相同类别下的不同任务和不同类别下的任务，当衔接执行相同类别的任务时，转换的精力成本会相应降低；而衔接执行不同类别的任务能够起到调整注意力的作用。

3. **同一项目可以具有多个量化指标**。举个例子来说，有的作者评价文章质量的指标是信息量/字数，比例越高说明文章精简得越好；而我对文章的评价指标是阅读量，数字越大说明文章越能够得到读者的认可。针对同一类任务给出的不同的量化数据可以让我们根据自己关注的侧重点考查任务的执行情况。

4. **了解自己的每一项计划和任务**。了解自己的每一个计划和任务能够让我们有效判断哪些任务是有效的，而哪些已经失去了执行效力、成了日记中的一抹灵感。

5. **区分任务和习惯体系**。习惯之所以需要被区分，是因为它对于实现目标来说是存在执行力梯度的。刚开始养成习惯时需要一定的精力来突破心理障碍，所以相应的能够执行的任务量不应该太大，但任务密度又要保持在一定水平以促进养成习惯，因此任务一定要分散到最小的可执行粒度。养成习惯以后就可以调整相应的任务密度了。

6. **不需要过度细化**。年度计划不同于其他周期性计划，它用以统筹全年，所以必定会在执行过程中遭遇许多变故，进而做出不同的调整，有的时候完全可以放弃年度计划中的某个目标。不过，月度计划和周计划如果出现任务被放弃的情况，相应的执行水平就会显著下降，从而影响其后的其他环节。

原标题：《如何制订个人年度计划》

作者：红酒皇

第 6 章
实现计划

2018 年，我参加了少数派的年度征文，写了一篇名为《我为自己设计了一套 "成就系统"，用 "打怪升级" 的方式培养好习惯》的文章，分享了我的 "成就系统"，具体讲解了我是如何用滴答清单和小目标达成成就的。

2019 年伊始，我就开始尝试结合印象笔记和成就系统去落地新一年的计划。

经过一整年的琢磨和改进之后，我想和大家好好讲一讲自己是如何用三个软件对年度计划进行分解，更高效地分配自己的日常任务及所采用的思路和实践方法的。

6.1　效率工具（印象笔记 ／ 滴答清单 ／ 小目标）

6.1.1　印象笔记（用途：设立目标、绘制甘特图及进行每周回顾）

我选择用印象笔记设立目标、绘制甘特图及进行每周回顾等，首先是因为它可以全平台同步，能够随时调取、生成我需要的模板，这对我进行目标的设立、分解，实现复盘来说最合适不过。其次是因为它可以存储文章和更多类别的文件（我是高级会员）。

6.1.2　滴答清单（用途：完成日常待办事项和实施计划）

熟悉我的朋友应该都清楚我是一名坚定的滴答清单用户。选择它不仅因为它全平台覆盖且使用方便，更重要的是它对我来说是最适合的 GTD 软件，关于它的一些操作和理念，我曾经在《打卡？追剧？待办？用 "滴答清单" 掌握你自己的人生！》和《如何创建属于你自己的滴答清单体系？》这两篇文章内介绍过，有兴趣的读者可以自行搜索、阅读，以便理解我为什么选择滴答清单。

6.1.3 小目标（用途：养成习惯和落地奖励）

小目标是一个打卡计数 App，选择它的原因有两点：可以计算金额从而进行奖罚，可以用来培养长期习惯。它的大致用法简单来说就是"完成任务赚取积分，不能完成任务扣除积分"。积分可以用来犒劳自己（买东西或玩游戏）。这里各位读者只要明白我的奖罚机制建立在这个 App 上就可以了。

6.2 落地思路

6.2.1 设立年度计划：创建九宫格年度计划（依托印象笔记）

相信大家都听说过九宫格日记，九宫格年度计划和九宫格日记差不多，这是我从邹小强老师的《只管去做》一书里学到的。大致的思路就是像记九宫格日记一样从本人关心的几个模块开展头脑风暴，设定自己这一年的计划，如图 6-1 所示。

学习成长	体验突破	休闲娱乐
工作事业	年份格子	家庭生活
身体健康	财务理财	人际社群

图 6-1 九宫格年度计划

日记一共分为 9 个模块，分别是学习成长、体验突破、休闲娱乐、工作事业、年份格子、家庭生活、身体健康、财务理财、人际社群。最中间的是年份格子，写的是年度计划中优先级最高的计划，一般 2 至 3 个，可以用 A1、A2、A3 标记它们。这其实和《高效能人士的七个习惯》一书中先把自己设定成某个角色，再思考具体规划是一样的，都是从自身出发考虑自己该做的事情。我自己的分类大致如下。

- 学习成长：掌握 C4D 的基础操作/绘制 12 张插画/看 15 本书/建立自己日常使用的 GTD 模板/打理公众号。
- 体验突破：尝试制作自己的表情包。
- 休闲娱乐：旅游一次。
- 身体健康：让驼背情况好转。

图 6-2 所示的这张九宫格计划就是我 2019 年的计划。针对个人写下的计划应该都很好理解，就不逐个解释了。一些计划比较隐私，所以做了模糊处理，希望各位读者理解。可以看到我 2019 年的侧重点在于学习成长，因为这个格子里面的计划是最多的，重点占比非常高。

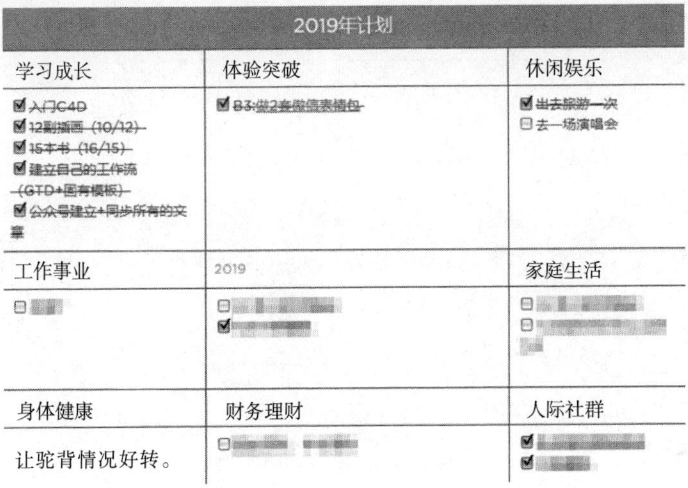

图 6-2 我 2019 年的九宫格计划

6.2.2 分解年度计划

1. 分析年度计划，设置优先次序（依托滴答清单）

第一步要做的是确认计划的优先级。从中分解出 A1 类到 C3 类的计划。比如做表情包是 B3 类的计划，阅读 15 本书也是 B 类计划，而建立公众号是 C 类计划。总之，分解之后以 A1、A2、A3 类计划为主。

写完了之后我用滴答清单里的 "#年目标" 作为智能清单筛选条件，把 A1 到 C3 标注到每个清单的计划之中，再按标签排序，如图 6-3 所示，这样就能把印象笔记中的九宫格计划转到滴答清单中了。

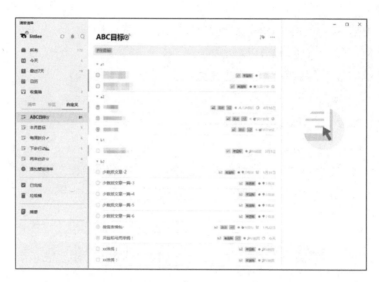

图 6-3　筛选年度计划

2. 同步年度计划：设立奖励分值（依托小目标）

第二步要做的是把这些任务同步到小目标中，如图 6-4 所示。每当完成了一个年度计划，就去小目标里单击以"赚取"分数，奖罚分值的算法在之前的文章中提到过，感兴趣的读者可以去搜索、阅读，这里就不多做说明了。

图 6-4　同步计划

A1 级别的年度计划的分值是 1000，A2 级别的年度计划的分值是 800，A3 级别的年度计划的分值是 600，B、C 级别的年度计划的分值分别是 200 至 100。但是这只是一个初步的估值，真正的分数还是要按照需要的时间和任务难度去换算。

为什么这个计划和前面的年度计划不一样？因为 2019 年已经完成的计划经过单击后就会消失，所以现在大家看见的是我在 2019 年未完成的计划和新设定的 2020 年的计划。分值是负数的原因是，2019 年受苹果免息活动的"诱惑"，购买了 15 英寸的 MacBook Pro 和 iPhone 11，扣除相应的分数之后总分数就成负数了。

3．分解甘特图，进行项目跟进（依托印象笔记）

因为最初尝试写完这个年度计划之后没有考虑太多，根本就没有思考接下来应该做什么，感觉写好了就可以，结果日子一晃就过完了。所以年度计划绝对不能写下来就束之高阁，一定要不断地分解和复盘，列出实现目标所有可能需要的活动。注意是要写出可操作、可实行的下一步动作，这样才能真正完成计划。

我用印象笔记自制了一份 1 到 12 月的简易甘特图模板，如图 6-5 所示。可以在此模板的基础上把年度计划按月份分解到具体的节点上。比如我要一年看 15 本书，其实分解之后每个月只要看 1 或 2 本书。

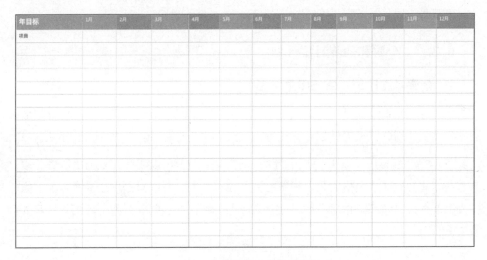

图 6-5　年度计划的甘特图模板

不知道如何分解成月度计划的时候要学会"以终为始"，倒推完成计划的时间点，根据截止时间去完成计划，进度就会明确和醒目。图 6-6 是我 2019 年的计划的分解图。

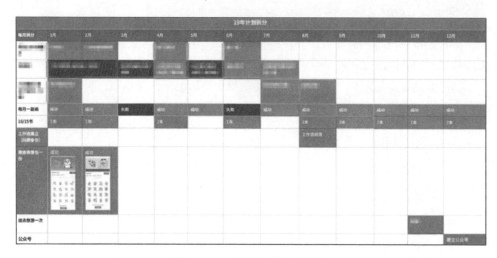

图 6-6　2019 年的计划的分解图

图 6-6 里黑色是按时完成的计划，灰色是未完成的计划，白色是未安排的时间。也就是说，要对不同月份要专注的计划进行分解，这么做的目的是告诉自己该在哪个月完成哪些计划。

6.2.3　分解和同步月度计划

1. 分解月度计划（依托印象笔记）

分解月度计划是当月一定要做的事情。我继续用印象笔记做了分解月度计划的表格，把月度计划分解成周计划并标出重点之后，再把计划用滴答清单分配下去。

图 6-7 是我 2019 年 1 月每周的计划，哪周该做什么、以哪些计划为重心都是以这个为基准的。但这个表格用久了和滴答清单会有冲突，所以只是用于参考。大多数时候我都是直接在滴答清单里分解月度计划，即分解任务、明确时间、写出下一步要做的工作。

图 6-7　2019 年 1 月每周的计划

2．同步月度计划：标签的妙用（依托滴答清单）

分解月度计划的真正目的是确保分解出来的清单在滴答清单中能够落地。例如，图 6-8 是已经分解好的 2019 年 1 月的月度计划，只要在相应的清单里打上"1 月目标"标签就能设置一个智能清单，在需要时只筛选这个标签下的任务。2 月的时候把筛选条件更改成 2 月对应的标签就可以了。

图 6-8　按照标签筛选

最方便的是使用滴答清单时可以直接在日历视图筛选标签，直接展示相应月份最重要的月目标，如图 6-9 所示。这是关键的一步，因为这能够直观、可靠地告诉我 1 月的计划应该在什么时间节点完成。

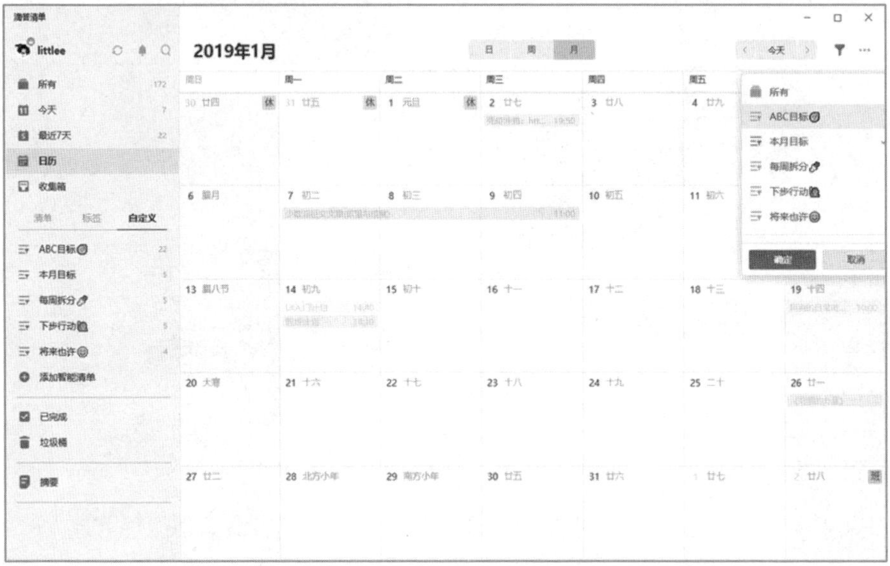

图 6-9　在日历视图中筛选月度计划

2019 年年初的时候我把计划全部按时间排满，想着按安排去做就好，结果发现不能太早设立目标，因为太多的意外和其他事情会分散注意力，计划阶段分得越细，实际操作的时候越不一定能够完成。一定要专注当月的计划，围绕 A1、A2、A3 级别的计划去安排。

3．每周复盘（依托印象笔记）

我没有做月度复盘的习惯，因为我认为既然已经有具体的月度计划了，只要看月度计划是否按时完成，先对未完成的计划进行扣分，然后重新安排或延缓计划就可以了，所以我只做每周复盘。以周为维度进行复盘会比以月为维度更清晰，下面简单介绍一下每周复盘的内容。

- 回顾上一周的晨间日记（依托印象笔记）。
- 分解和确立下周目标（依托印象笔记及滴答清单）。
- 回顾时间日志（依靠时间块）。
- 回顾小目标的分值和番茄钟的数量及习惯的任务（依托小目标）。

- 分析周开支和预算（依靠账本）。
- 回顾滴答清单中已经完成的计划。

6.2.4 落地每日的行动

1. "吃青蛙"（依托滴答清单）

每天早晨起床之后我会花 5 到 10 分钟去看看滴答清单中的任务，根据周计划找到当天最重要的事情，并给它们打上青蛙标签😊，以表明这是当天最重要的安排——A 级别的计划。一定要以它为主，优先完成，然后再去完成剩下的计划。这样二八原则才会生效。如果当天实在不能专心致志地完成 A 级别的计划，就做 5 分钟相关活动，然后别再去想它。

2. 使用番茄钟（依托滴答清单）

番茄钟就是在滴答清单中安排计划的时候，设置的一个计划对应的番茄钟的数量，即完成每项计划大概需要多少时间，你可能需要长时间的积累才能知道大概的番茄钟数量，这不能着急，要慢慢来。举例来说，我写这篇文章时就在这个任务后面备注了"🍅*15"，然后边写边使用滴答清单记录番茄钟的数量。

6.2.5 用打卡与奖罚机制培养习惯（依托小目标）

计划被分解之后会有两部分，一部分是任务，一部分是习惯（需要循环去做的任务）。而不管是完成任务还是培养习惯，完成以后都可以在小目标里赚取分值。

1. 利用小目标的模块：习惯、待办、奖励

小目标自带三个模块：习惯、待办、奖励。每个模块下都有五个文件夹可以使用。所以我按这个思路为三个模块分别制作了一张思维导图，以区分每个模块下的文件夹该放置哪些任务和习惯。

2. 养成习惯：年、月、周、天要养成的习惯和一些固定的事项

我一般是从年度计划的"身体健康"或"提升自己"中需要复盘的任务里提取出习惯，如图 6-10 所示，然后借助周计划和每天打卡培养习惯，其他事项按月或年完成一次就行了。

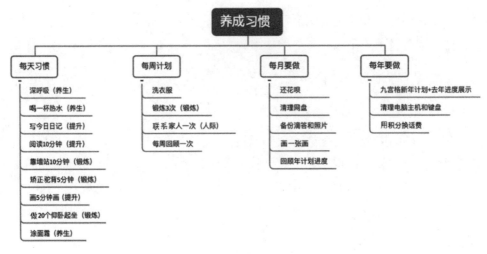

图 6-10 养成习惯

3．待办事项：整理清单、提升效率、完成年度计划

"提升"一栏的很多事情需要投入一定的时间才有回报，所以可以有时间就去做，以赚取额外的分数。"整理"一栏很简单，主要事项是整理思绪或者清理一些不必要的东西。"年计划"一栏是重点，不过赚取哪些分数还需要自己衡量，如图 6-11 所示。

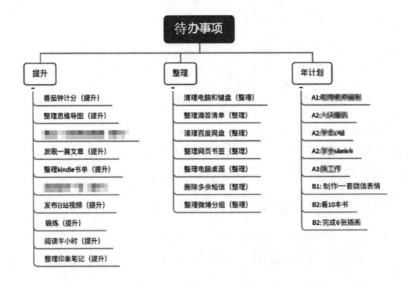

图 6-11 待办事项

4．自我奖励：清空"种草"清单和在未完成计划时进行惩罚

"种草"清单就是奖励自己的东西，这需要是让自己有目标、有动力的东西，如图 6-12 所示。在未完成计划时进行惩罚，就是没有完成计划或浪费时间之后对自己进行惩罚。后面的"欲望"清单也是类似的道理，只是不扣分。

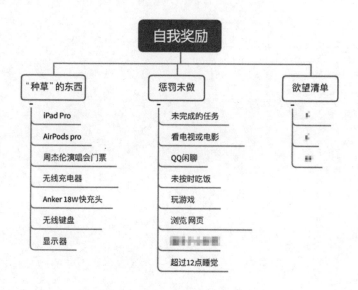

图 6-12　自我奖励

这样看下来，是不是思路就清晰了很多呢。

截至本文完稿时，我用小目标记录滴答清单列出的任务以外需要培养的习惯和需要提升的内容，实现了不用思考，每天打开小目标按时、定量去做就好的效果。

有了富裕的时间就去做提升自己的事情，继续赚取分数，存在没完成的计划时就进行扣分处理。依靠这个原则，小目标成了完成计划不可或缺的存在。每周复盘的时候，看着赚回的分数很多会觉得自己做得很不错，然后就把想买的东西买回来奖励自己，形成一个良性循环。

6.3　小结

综合来看，我用印象笔记做年度计划和甘特图分解，用滴答清单记录每月、每周、每日的待办计划，用小目标记录最终的分值、奖励和打卡，整个落地流程就是"创立年度计划→分解计划并跟踪→完成当日'青蛙'计划→回顾、复盘→完成奖励"。在

这个过程中不需要考虑遥远的未来，围绕年度计划去做就行了。这就是我 2019 年摸索出的完成年度计划的思路，希望对大家有所帮助。

原标题：《"成救"系统之后，我的 2019 年计划落地思路》

作者：阿森

第 7 章
如何让自律变得简单

7.1 引言

2020 年 1 月 1 日凌晨，我在微博上给我的 2019 年写了一个短暂的总结，其中对下半年的总结就是一个词——自律。

在 2019 年下半年的几个月里，我前前后后写了近 10 篇文章，除了这些文章，我还为团队撰写了技术分享文档，同时每个月都会花 10 到 20 天在锻炼上，并一直保持着主动运动的习惯。除了上述内容，我将剩余的大部分时间花在了学习和自我提升上，在 2019 年年底回顾这段快速逝去的日子时发现自己在技术上也取得了不少突破。

对大部分人来说坚持做一件事（自律）可能并不是一件简单的事情，但是对我来说，我认为自己可以把自律这件"小事"做好，不仅能做好，还能让自律成为自己的习惯之一。

因此，本文分享一些让自己自律的小方法。

7.2 方法一：目标替换——从"我不想"到"我可以"

先列举下面几个场景。

- 场景 1：锻炼到一半发现太累了，于是便草草了事或直接放弃。
- 场景 2：看历史类图书太枯燥了，还是浏览一会儿手机好了。
- 场景 3：后天就要期末考试了，但是今天即使放松一天明天也还有时间复习，那今天就先玩一会儿游戏吧。

我相信绝大多数人（包括我）都经历过以上的场景。对于我们来说，锻炼、看书、准备期末考试相比于休息、玩手机、玩游戏完全就是枯燥、乏味、让人难以拥有快感的，大脑也给了我们"我不想"的信号。因此我们需要拥有一个可以推动自己并激发出"我可以"甚至"我能够"的简单目标。

所以，前面提到的三个场景其实也可以用下面的方式解决。

- 场景 1：锻炼到一半发现太累了，那就去做相对简单的动作或减少次数，让自己能感受到身体相应的部位发热、酸胀即可。
- 场景 2：看历史类图书太枯燥了，那其实可以先试着看小说之类的书籍或阅读另外一本自己想看的书。
- 场景 3：后天就要期末考试了，但今天还想边复习边放松，那干脆每复习40 分钟之后玩一会儿游戏，复习到 22:00 为止。

我们可以通过一个简单的表格查看每个场景最开始的目标和替换后的目标，如图7-1 所示。

	最开始的目标	替换后的目标
场景 1	锻炼一组动作	锻炼一组相对简单的动作
场景 2	看历史类图书	看小说或想阅读的书籍
场景 3	准备期末考试	复习一段时间，然后放松

图 7-1　最开始的目标和替换后的目标

通过将自己觉得困难的目标转换成明确、简单的同类或相似的目标（如下面这样）我们可以达成预期的目标。

- 锻炼是为了让自己动起来、出汗，所以通过做简单的动作让肌肉酸胀、浑身发热本身就完成了原来的目标。
- 看书是为了让自己养成阅读的习惯，看小说、看杂志或看文章对于养成阅读习惯也没有任何不好的影响。
- 复习的本质是让自己能够在可支配的时间里自由学习知识，所以完成一段时间的复习后让自己以游戏的方式放松也无可厚非。

在养成自律习惯的时候面对自己的懒惰或逃避不一定要用抗争的方式，而是应该用"引导"的方式"变相"地去完成预期的目标，这才是让自己踏出第一步的正确方法。

在四年的大学生活里，我最引以为傲的就是培养了良好的睡眠习惯，而这正是通过目标替换的方式造就的。

我和大多数人一样，即便是上了床，依然使用手机浏览微博、看视频，这其实是在向大脑暗示"我不想睡"。但我并没有以令自己不舒服的方式强迫自己立马放下手机闭上眼入睡，而是从"刷手机"转换成听白噪声，我开始使用听觉而非视觉，加之白噪声带有降噪、助眠的效果，我很快感受到了困意并迅速入睡了。

我能够允许自己做得少或者做得简单，但是不允许自己什么都不做。当事情变得足够简单且容易完成时，就不再会有任何放弃的借口了。

7.3 方法二：目标分解——把大象装进冰箱要几步

新的一年里我们每个人或多或少都会存在着期许或是立下了几个目标，如学习编程、存十万元钱、看 20 本书……但是我们在立下目标或提出愿景时，应该做的不是仅仅"空喊一句口号"，更重要的是"装模作样"地对这个目标进行规划（目标分解）。

目标分解就是将一个大目标分解成若干个小目标，每个小目标又可以进一步分解成若干个任务……层层向下分解。"把大象装进冰箱"就是一个很有趣的比喻，其具体步骤可以分解为如下几步。

1. 把冰箱门打开。

2. 把大象装进去。

3. 把冰箱门关上。

当然，除了第 1 步和第 3 步，第 2 步还能进一步被分解成若干部分。比如我 2020 年的目标是写作字数达到 20 万。在本文完稿时我在少数派网站中已经累积写了 5 万字，也就是说我要在 2020 年再写 15 万字才能实现目标，所以我对这个目标进行如下分解。

1. 平均每个月应该写 150000/12=12500 字。

2. 根据自己平时写的文章的字数的平均值（约 5000 字/篇），计算出每个月应该至少写 2.5 篇。

通过分解我能够了解到每个月至少应该写 2.5 篇文章，并且在一整年之内持续保持才可以达成写完 20 万字的成就。相比于一下子写 15 万的长文，5000 字一篇的文章对我来说是足够简单且容易完成的一件事情，剩下的只需要考虑收集选题就可以了。

当然，分解的目标能够被实现需要建立在符合自身实际情况的基础之上。例如"先挣 1 个亿"这个小目标只是王健林的合理目标，对大多数人来说就有些不切实际了，但是每个月存下 500 元钱相信大多数人还是可以做到的（我每个月坚持存 500 元）。

分解目标的核心思想就是不断对目标进行分解，直至分解后的目标变得简单且容易被执行，也可以进行目标替换。在分解目标时可以借助甘特图、GTD 工具（滴答清单、Microsoft To Do 等）或思维导图辅助我们进行分解。

我平时习惯使用 Trello 将目标分解成若干张卡片以方便自己分步执行，或是将学习中遇到的疑问制作成小卡片以方便自己整理与归档，如图 7-2 所示。

图 7-2　将目标分解成若干张卡片

分解后的目标在实现过程中配合使用 GTD 工具会让实现的效果更佳。

7.4　方法三：构建沉浸式环境

在读中学时教室是唯一能让我保持专注的地方，一支笔和一套试卷就能让我度过一个周末。随着年龄的增长，自己能够获得、拥有的东西越多，自身的注意力被电子产品、娱乐等因素所分散，最开始尝试在晚上看书时我总是没看几页就不耐烦地开始浏览微博。

所以，在养成自律习惯的过程中，让自己进入中学时代曾经拥有的专注状态尤为重要。因此，有必要构建一个沉浸式的环境，让做事变得有仪式感。

7.4.1 使用纸笔

尽管现在能够使用许多无纸化设备代替传统的纸笔，但却无法代替纸笔带来的最纯粹的专注。

我曾用 iPad 尝试无纸化办公，但是 App 的推送消息会时不时地吸引我的注意力，我尝试将所有消息通知关掉，但是最终还是败给了自己的自制力……所以，除非我需要看电子书，否则任何关于记笔记或梳理脉络的活动都通过纸笔来完成。一方面，通过纸和笔书写自己需要学习或记录的部分，本身就是一次记忆的过程，能够让我对需要掌握的知识形成初步的印象；另一方面，由于纸张的空间有限，所以需要在有限的空间里浓缩记录的内容，这是大脑开始思考前的"热身"。

对于看视频课程的朋友来说，可以通过对重要知识点进行截图或拍照，在复习时稍微整理之后打印出来，再用笔进行批注（我在大学期间基本都是这样操作的）。

通过以上做法，找回中学时代那种笔尖在纸张上摩擦的感觉，让我慢慢养成了拿起笔在纸上写字时很快就会集中注意力的习惯。

7.4.2 使用便利贴

在分解任务时，除了使用针对 GTD 的应用，有的人也会使用手账，但我不想花太多时间在这上面，如果只是为了让自己每天完成某个特定的任务，用便利贴记录是不错的选择，这是使用纸笔的延伸。

使用便利贴可以创造完成任务的仪式感。我每次在便利贴上写下经过分解的必须要完成的 4 个任务（建议不超过 5 个），由简单到困难依次排列。

为什么便利贴可以创造仪式感？因为从写下要完成的任务那一刻起，每当任务被完成之后，在便利贴上划去它都会产生一种满足感，当所有任务都被完成时，撕便利贴更是让我有种快感。

今天，关于 GTD 的应用层出不穷，但是对于前期正在培养自己自律习惯的人来说，很容易陷入"添加任务等于一定会完成"的陷阱之中，而便利贴可以直接被贴在自己能随时看见的地方，时刻暗示自己还有要完成的任务。

此外，在便利贴上由简到难排列任务本身就是从新手到大师的挑战。

7.4.3　使用白噪声与降噪

通过听白噪声进入沉浸状态已经成了我的习惯。什么是白噪声？白噪声是一种功率谱密度为常数的随机信号或随机过程，简单来说就是一种有着某种频率的随机信号。

起初我有点不太适应这种类型的声音，既让耳朵有种"闷堵"的感觉又让人感到昏昏欲睡。但由于在寝室里学习时不可能要求室友都配合我保持安静（我不太喜欢去图书馆），所以我就主动戴上了耳机开始听白噪声，当我习以为常时渐渐发现了白噪声带来的好处——它让世界"安静"了。

白噪声发挥作用的原理其实和降噪发挥作用的原理类似，都是通过掩蔽效应对周围的噪声进行屏蔽，还耳朵一个清净。

我在苹果公司官网购买的 AirPods Pro 历经一个月的快递终于送到之后，当我戴上耳机，开启降噪模式并播放白噪声时，整个人完全不会在意周围的任何动静。除了听到番茄钟的终止提醒，真的做到了"两耳不闻窗外事"。

有的人会边学习或工作边听音乐（如流行歌曲等），不过我认为在专注时来自外界的干扰应该越小越好。但无论你选择听白噪声、使用降噪功能还是将白噪声和降噪功能搭配使用，我们都只有一个目的——让世界"安静"下来。

在各大主流音乐平台都可以搜到白噪声的歌单，我在本文完稿时使用的是 Apple Music 推荐的白噪声歌单，如图 7-3 所示，你也可以选择其他带有白噪声的 App。

图 7-3 白噪声的歌单

7.5 方法四：量化自我——积累成就值

数字是一种很棒的表达方式，在衡量人的成就方面效果尤为突出，结合图表可以呈现更多信息。这就是为什么大多数平台在推出年终总结时多以图表的方式呈现。

由于坚持和自律是一个需要长时间坚持、反馈周期长的过程，因此我们很难清楚地知道在达成目标的过程中自己的进度或已经做了哪些工作、效果如何。想要知道这些并获得这样一种反馈需要通过数字，用一个术语来概括就是量化。

量化的"量"其实就是数量的意思，量化就是将需要被衡量的东西以数量化或数字化的方式呈现。以下是我常常会量化的几个方面，你可以根据自己的实际情况进行选择。

7.5.1 量化时间

我在日常的学习中常常会使用 Toggl 和滴答清单记录我的时间分配情况。滴答清单相信大家已经很熟悉了，因此这里只简单介绍一下 Toggl。

Toggl 是一款免费、简单且跨平台的计时 App，它对我来说最大的特点就是即时同步、跨平台、简洁，同时有基础的报表功能。

每次需要写一篇文章或是开始学新东西时，我总会在 Toggl 中记录，以便能随时观察自己在周、月、年这三个不同维度上的时间分配情况，如图 7-4 所示。

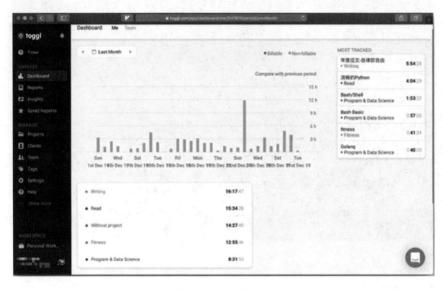

图 7-4　Toggl 的界面

除此之外，Timimg 这类高颜值 App 也是不错的选择，如图 7-5 所示。但无论你选择使用哪种方式记录时间，都是通过对时间的积累让自己能够一览在不同事项上花费的时间，真正让自己清楚"时间都去哪儿了"。

图 7-5　Timing

7.5.2　量化开支

记账是管理财富最好的一种量化方式。相比于让自己立马存下一定数额的金钱，记账其实是对存钱目标进行目标替换与分解。我们可能做不到立马存下多少钱，但是一定可以立即开始记录自己每笔开支或收入。

我使用网易有钱作为自己的记账软件。但是出于保护隐私的考虑，将联网的权限给取消了。你也可以选择 MoneyWiz 或 Money Pro 这样的老牌记账 App 来记账，如图 7-6 所示。

我记账的原则是每支出或收入一笔钱就以最快的速度记录在账本之中，避免自己遗忘，这其实和量化时间是一致的。

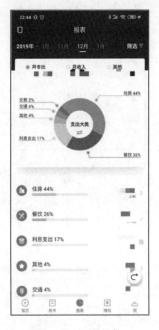

图 7-6　记账软件

随着记账数据的不断积累，在评估个人财务状况时就可以以这些积累的数据作为参考，调整个人后续的支出。

7.5.3　量化健康

锻炼一方面是为了健康，另一方面是为了保持完美的形态、外貌。但是锻炼或许比上述的两件事更困难，因为锻炼是一件高成本且回报周期长的事情。要让我们看得到"自己的付出"，就要对健康进行量化。

像 Keep 这样的 App 在锻炼之后都会对你本次锻炼的时长及消耗的能量等信息有
所记录，你可以通过其自带的数据系统进行查看，如图 7-7 所示。

图 7-7　Keep

同样的道理，Apple Watch、小米手环等电子产品也会自动记录用户当天的活动情
况。我习惯在锻炼的同时在 Toggl 里进行计时，这样可以进一步丰富展示数据的维度。

除此之外，使用 Water Reminder 记录自己每日饮水的量、用小米体重秤或体脂
秤记录自己每日体重的变化等，也都是量化健康状态不错的选择。

7.6　方法五：设定奖励机制——对自己好一些

自律的过程其实在很多时候都算是一个"自我约束"的过程，在这个过程中我们
要远离自己的舒适区，进入让自己没那么舒适的境地之中，但也不是完全和自己最熟
悉的舒适区说再见。

相比于已经锻炼了五天，一天不锻炼完全算不上什么；相比于吃了四天健身餐，
吃一顿高油高脂的烧烤算不上什么；相比于每天从早学到晚，看一天视频同样也算不
上什么。

每个人都应该做一块充满弹性的"橡胶",能在自律的时候绷紧神经,也能在放松的时候慵懒,做到张弛有度。舒适区对于自身来说是一种变相的"奖励",通过这样的奖励机制或许能让自己更加心甘情愿地坚持做某件事情,将整个培养自律的过程从以目标为导向转变为以奖励为导向,这就和在玩游戏时做任务获得相应的报酬一样让人充满了期待和满足。

所以,每周我都会给自己预留出一天的时间"回到自己的舒适区",在这一天我可以不学习、不看书也不做饭,可以一觉睡到中午之后吃一顿肯德基之类的高热量食品,晚上再吃一顿烧烤、喝一瓶啤酒,而在这一天其他时间里要么娱乐要么睡觉。

对自己的奖励可以是物质的,也可以是其他类型的,因人而异。但无论如何我们都有必要给自己建立起一套奖励机制,奖励能够让我们有源源不断的动力坚持下去,这才是最重要的。

7.7　小结

自律给一个人带来的改变可以说是难以想象的,你永远不知道当自己坚持做某件事并把这种坚持内化成一种习惯时,这件事给你自身带来了哪些影响。

但是自律这件事本身并不容易做到,所以通过本文提到的这些"曲线救国"的方式慢慢培养自己的自律或许容易更被大多数人所接受,且实用性较强。不过每个人都有属于自己的一套方法论,请大家选择性参考。

无论通过怎样的方式让自己变得自律,所有人的目标应该都是一致的——让自己变得更好。

原标题:《自律即自由——如何让自律这件小事变得简单》

作者:100gle

第三篇

时间管理：
战胜拖延症

第 8 章
要管理时间，先管理心态

我最初接触时间管理大约是在博士三年级的时候。我的博士一、二年级过得非常颓废，长时间找不到科研的方向和生活的目标，有一段时间每天就以看无聊的综艺节目度日，然后在夜深人静的时候开始后悔。幸运的是我发现了"少数派"这个社区，它让我决定"改过自新，重新做人"，踏上时间管理的征程。

刚开始接触时间管理的时候我充满了斗志，看到那么多方法、工具、成功案例，产生了一种要是都学会了我也能成为埃隆·马斯克（Elon Musk）的错觉。

然而道路是坎坷的。两年多来我尝试了不知道多少种方法和 App，重启了不知道多少回我的 GTD 系统。我终于意识到自己肯定是没法成为埃隆·马斯克（Elon Musk）了，能挣扎着博士毕业就不错了。虽然如此，我觉得这两年的探索还是让我成长了很多，最直观的就是再也不看综艺节目了，大多数时间都很清楚自己需要干什么，并体会到了时间管理其实不仅是一个技术问题，更是一个心理问题。

8.1　时间管理需要解决的问题

我的工作是产生拖延的丰厚土壤，我需要对抗的挑战主要有以下几项。

8.1.1　工作时间过于灵活

作为一名博士生，我的导师不太管我，所以我的生活缺乏规律：不仅不需要朝九晚五，甚至不需要每天都去实验室。外加我住的地方又比较远，通勤的话每天花在路上的时间加起来很容易就超过 2 小时，所以我尽可能在家工作以节约时间。

8.1.2　多任务

作为一名参与课题比较多的博士生，我面临着多任务的局面，要同时推进多个项目，合理安排时间就非常重要。不幸的是，我是一个有很多爱好的人，弹钢琴、画画、做手账、写字等无一不需要花费时间。

8.1.3　没有截止日期

科研无止境。不像职场中的许多项目有明确的时间节点，科研的大多数工作是探索式的，除了"发表这篇文章""博士毕业"之类非常模糊的标志性事件，大多数时候并没有"悬在头上"的截止时间，这也导致了我很容易在没有规划的情况下浪费时间和拖延。

8.2　时间管理的目标

在这种情况下，我希望时间管理可以帮助自己达成如下目标。

1. 保证完成目标：这个比较现实，希望通过时间管理进行长期的规划，实现长远目标。

2. 不负人生：这是为了获得那种每天晚上躺在床上都觉得"今天没有白白度过"的满足感。

8.3　时间管理在"保障完成目标"上是有效的

完成目标有三大阻碍：拖延、任务过于复杂且规划不力、工作中面对的各种诱惑太多。经过实践我觉得时间管理在对抗这三大阻碍上是有效的，可以帮助我完成目标。

8.3.1　拖延

已经有无数文章和书籍讲所谓的"战拖"。但对我来说，在做喜欢的事和特别重要的事的时候我不会拖延，甚至连时间流逝都注意不到。所以我认为"拖延"只是一种大脑的提醒机制，提醒你这个东西你不喜欢或这件事的重要程度没有那么高。不过工作中总是有一些不喜欢但是必须要做的事情，这时候很容易引发拖延。时间管理可以帮助我消除一些做这些事情之前的抵触情绪，而这些抵触情绪一般是导致拖延和效率低的罪魁祸首。

8.3.2 任务过于复杂且规划不力

一个科研项目短则三个月，长可以达两三年。虽然很少有人能规划两三年后的事情，但对复杂任务提前进行规划在这些长期项目中还是非常关键的。在进行了项目的长期规划之后，时间管理手段可以帮助把这些任务细分为每日可做的小任务，进而一步步逼近目标。

8.3.3 工作中面对的各种诱惑太多

社交网络、音乐、视频甚至维基百科都可以成为诱惑之源，时间管理方法（如番茄钟）可以辅助抵抗这些诱惑，减少在这些诱惑上面浪费时间。

8.4 时间管理在追求"不负人生"上是无效的

经过实践，我发现时间管理是无法满足"不负人生"这一诉求的，其根源在于"不负人生"这一诉求本身就有问题。

我是一个特别容易自责的人，白天如果效率很低的话，睡前就会花很多时间责备自己不珍惜时间，做了太多无意义的事情，工作进度缓慢等。甚至有时候在效率已经蛮不错的情况下也会苛求自己做更多的事情。这是我追求"不负人生"的底层原因。

但人的精力是有限的，一个人很难保证在每天的每个时刻都无比高效。科学研究发现，一个普通人每天能高效沉浸在脑力劳动中的时间大概是 4 小时。就算有一天从早到晚都非常高效，这样的日子也没法持续太久。我的极限大概就是连续三天每天高强度工作 6 小时，第四天必然得"报复性颓废"一下。更不用说生活真是充满各种"惊喜"和"惊吓"的，很多时候都是"计划赶不上变化"。一个完全死板的计划几乎很少行得通。

通过实践我越来越意识到自己面对的其实并不是时间管理问题，而是一个需要克服的心理问题。"不负人生"背后隐藏着我的完美主义倾向，虽然完美主义在很多时候可以帮助我充满斗志，不断进步，但也在无形中给我戴上了枷锁，让我很难对自己满意，进而产生挫败心理，影响我的睡眠等。所以解决我的问题其实需要的是消解对完美的追求。

8.5 无效工具的集合

几年下来我尝试了很多工具，这里先列举一下无效的工具。

8.5.1 番茄钟

在刚开始尝试番茄钟的时候它对我还是很管用的，计时器有效缩短了我开始进行一项任务所需的启动时间，25 分钟也给我一种"有盼头"的感觉，有利于对抗做一些不想做的任务时的消极情绪。不过新鲜感过去之后，我发现在实际操作中每 25 分钟停止一下会打断思路，而如果把时间设置长一些以后又会减弱这种"有盼头"的感觉，所以后来我只有在非常不想工作但又必须工作的时候，才会打开番茄钟以帮助自己进入状态，但在工作状态中不使用番茄钟。

8.5.2 GTD

我尝试了不少 GTD 应用，对 Todoist、OmniFocus、滴答清单都曾下了一番功夫研究使用方式并进行配置，但坚持使用各个软件的时间大多不超过三个月。GTD 对我的一大挑战是整理，作为一个桌面都经常"乱到没法看"的人，整理收集箱真是太痛苦了，而长时间不整理的话，应用又会变成一团乱麻，无法发挥这个方法的作用。OmniFocus 强大的功能更是加重了我的使用负担，坚持一段时间后发现收集箱有些乱会让我压力很大，使用工具反而成了一种任务，于是不久我也放弃了。

8.5.3 记录时间和精力开支

熟悉时间管理的人都知道记录时间这个方法，它最早是由俄国科学家柳比歇夫提出的。记录时间旨在通过记录每天每个时段做的事情，发现在时间利用上可以改进、提高的地方，并且逐渐掌握自己完成各项任务所需的时间，进而提高计划的可实现性。记录时间的进阶阶段是记录精力，不仅记录每段时间做的事情，还要记录做事时的状态。记录精力可以发现自己哪段时间的状态最好，从而调整自己对工作的安排。

然而这两个记录方法有两个"痛点"。第一个"痛点"是记什么，我经常在一个时间段内干多件事情。比如发现代码要运行很久，我就会一边观察运行结果一边进行一些别的工作，但是现有的记录工具很少有同时记录多个任务的功能。另一个"痛点"是使用非常不方便，因为这两个记录都是以手工记录为主。时间记录 App 虽然很多，但大多数都要手动启动和关闭计时器，非常容易忘记操作，而记录精力我习惯只采用纸和笔，也需要手工操作。此外，这两个方法都需要及时进行记录，否则很容易忘记具体的时间安排和当时的状态，但在工作的时候经常出现被打断的情况，很难做到及时记录，所以坚持难度较大。

8.6 什么才有效

我现在还在使用的总体上比较有用的工具有以下几种。

8.6.1 手账

我从 2019 年开始做手账，最初只是非常简单地整理每日任务清单（to do list），外加时间段式的计划（几点到几点做什么）。从 2020 年开始我尝试使用子弹笔记（Bullet Journal），虽然还是有"空窗"，但是总体坚持情况还不错。我采取自己画版式的方式，既可以画画，又可以规划自己的生活，一箭双雕。而且画画非常花时间，所以也不忍心自己辛辛苦苦画的本子空着不用，因此第一个月的效果非常好。

图 8-1 所示的是我的部分子弹笔记。

图 8-1　左边是看板系统，中间是习惯打卡页，右边是周计划页

8.6.2 计划 vs 现实

从 2020 年 1 月开始，我尝试一种"计划 vs 现实"的模式，这是我在《深度工作》这本书里读到的方法。即每天早上规划出今天每个时间段要做的事情（包括休息，类似你心目中的完美的一天），然后随着一天逐渐过去，不断更新每个时间段真正在做的事情。这个方法不仅有一般的时间段计划的好处——减少不知道该做什么的情况，还有一个额外的好处——培养我接受"计划是会不断变化的"这一现实，从而帮助我克服完美主义倾向。

8.6.3 Forest 和 Timing

这是两个用于抵抗诱惑的 App。Forest 大家应该都很熟悉了，我在不工作的时候也经常运行着 Forest，以减少使用手机的机会，进而避免各种无意义的浏览。Timing 是一个有些"花哨"的软件，但是经过一些努力可以在上面找到一些志同道合的伙伴，看着他们每天学习、进步会非常受激励。此外，这个 App 有直播功能，可以和志同道合的小伙伴一起努力，但因为我学习的时候一般都运行着 Forest，所以没尝试过。

8.6.4 和我学习（Study with Me）视频

很多朋友都很困惑为什么我会喜欢看这种学习视频，不就是一个人坐在那里，要么写字要么使用电脑吗？我的回答是这种陪伴的感觉的确非常能激励我，我在家工作时看到视频里正在学习的人会减少孤独感，从而辅助目标的完成。我喜欢的和我学习视频博主有以下几位。

- Ruby Granger：一个在埃克塞特大学读英国文学的学生，我认为他就是真实的"格兰杰"，因为他在圣诞节当天都能学习 13 小时。而且他的视频特别清新、可爱，看的时候让人心情放松。
- The Strive Studies：纯粹的和我学习视频博主。他会在各种学习场景（如深夜、图书馆等）学习，很多还是计时的，实用性很强。
- Junn 杰俊：一位做英文培训的年轻人，他的声音很好听，人也很有意思，发布的内容除了长时间的和我学习视频，主要是记录日常生活的 Vlog。

8.6.5 记录时间

虽然在失败工具合集里我提到了记录时间，但是我没有完全放弃使用它。如前所述，我原来觉得花费很多时间记录没有进行下去的原因过于复杂，但我在看了"用 NFC 进行时间记录"这个视频以后，我的态度发生了转变。在解决记录什么的问题上，我把记录的类型分成了有限的几种（学习、工作、兴趣、日常、运动、拖延、娱乐、休息），在进行多任务时我会选择效率最高的类型进行记录。

8.6.6 冥想

虽然看起来和时间管理毫无关系，但是冥想有助于我清理大脑中的纷繁思绪，减少对自己的苛责，采用更关注当下的生活态度，进而提高效率。我使用的 App 是 Simple Habit（如图 8-2 所示）。这个 App 提供了很多种冥想的场景，如 focus（专注）、anxiety（焦虑）、sleep（睡眠）等，此外，还有一个 On the Go 模块，用户可以根据自己当下的状态和拥有的时间安排冥想。我最喜欢的是在通勤的时候打开 Simple Habit，选择 Commute（通勤），这是一种放松，可以让通勤之路不那么难熬。

图 8-2 Simple Habit 的各个模块

8.7 小结

我从 2019 年以来尝试了各种工具，最终发现时间管理的核心其实并不在工具，而在心理。

健康是一切的基础：2019 年我的身体一直不太好，经历了两次手术，深刻体会到了健康是一切的基础。因此坚持吃健康的食物，保持充足的睡眠，培养运动的习惯，不久坐，不摄入过量的咖啡因，虽然看起来和时间管理关系不大，却是一切的基础。

真正认识到时间的珍贵：因为身体的问题，我真正体会到了 "时间就是金钱" 的含义。很多人知道这句话，但真正把时间当金钱看待的人少之又少。真正意识到时间的珍贵会更容易让人抵挡住诱惑，做事更具有计划性。

放过自己，不要过于追求完美主义：没有一个人可以每天都把时间精确规划到每一秒并严格按照计划执行，也没有人可以成为工作机器，而且我坚信成为工作机器也并不是大多数人想要的人生。人生的意义不仅仅在于完成一个又一个目标，有时候 "挥霍时间" 也是很令人开心的，劳逸结合，合理地 "挥霍时间" 有助于自己精力的恢复，从而更好地投入工作。

学会放弃：人的精力有限，要知道自己当下最重要的事，并据此果断放弃一些暂时不太重要的事是一项非常重要的技能。我们有时候会有一种想做的事情太多而时间不够用的感觉，这时就要想想是不是有些事情可以放到以后再做。

不要让工具成为负担：工具是用来帮助我的，要做工具的主人而不是工具的奴隶。某一天没有好好地用时间管理工具并没有什么关系，第二天接着用就是了，缺一天的记录或数据的确很遗憾，但如果因此就渐渐放弃只会更遗憾。

这大概就是我在两年多的时间里进行时间管理实践的一些感悟。我觉得在实践的道路上有很多失败的尝试，但这些失败也给了我很多帮助，最重要的是我感觉对自己的认识更加深刻了。也希望大家在时间管理的道路上发现自己，渐渐成为自己想成为的人。

原标题：《时间管理不在乎工具，更在乎心理》

作者：邓布利多教授

第 9 章
用 GTD 应对 "996" 时代

　　人类依靠时间来感知世界与自我，但是时间却永远难以捉摸。在少数派网站上时间管理、效率一类的分享多会引来注意，但 "能够拥有更多的时间" 并 "更好地利用时间" 其实是一种错觉。一方面，我们学习 GTD 一类的个人时间管理工具，仰慕高效人士；另一方面，我们批判资本以 "996" 工作制伤害劳动者。我想指出，这两种当代现象都源自同一个逻辑——在更少的时间内做更多的事。

　　本文旨在说明这种当代环境所塑造的体验时间的方法绑架了所有人，而我们并不完全被动。

9.1　个人存在与时间

　　假设你被迫参加一场讲座，主题为 "为什么有些文章那么长"，时长为两个半小时，主讲人是一位 "老学究"，而你的座位被安排在正数第三排的中间，并且手机也被拿走。那么，相信你将体验到百无聊赖的精神状态。第二天，你决定去近郊爬山，晚春季节的阳光和气温都正好，每走一步都有不一样的风景，你看到了日常在城市生活中从来没有见过的植物。直到下山，一看手表才发现时间过去了两个半小时，你领悟了 "乐在其中" 这个词的含义。

　　对于人类的感性体验来说，时间就像巧克力酱、衣裤的松紧带，可以和我们的主观感受一起被随意拉长、缩短。但是钟表、手机状态栏上的时间数字分明告诉我们时间是定量的，计时器、日程表、打卡机告诉我们某一段时间该做什么事。于是，我们喊出了 "时间就是金钱" 或 "成为时间的主人" 之类的口号，制定了相应的行动指南。但我们也明白，再精密的安排也受偶然事件的挑战，再充实的日程也无法让人停止思考行动的意义，我们从心底抗拒他人强加的时间安排。

在展开对时间的衡量与讨论时间价值之前，我们需要建立一个共识：时间与生活不可分离，对时间的感受是我们存在的基本条件。马丁·海德格尔（Martin Heidegger）所著的《存在与时间》很重要的一个目标就是要说明：任何一种存在的解释都必须以时间为其视野。

自启蒙运动开始流行的科学决定论提出了这样一种思想实验：假如一个人掌握了过去和当下所有的事就能够明白因果关系，也就能通晓未来。这种启蒙思想的张狂断论看上去很有道理。塞缪尔·巴特勒（Samuel Butler）在 *Erewhon* 中也提到关于这个思想实验的思考：如果通晓了过去与将来，此人将失去对时间的感受。在科学决定论的视角下，个人的自由意志失去了意义，生活瓦解了。

也就是说，个人以有限视角存在于时间中才能构建生活的叙事。这种回答还暗示着不管我们能否看见自己的未来，都承担着经历时间（生活本身）的责任，要学会做出自己的判断和选择，并理解究竟是什么推动着我们做决定。在理解了个人与时间的依存关系之后，我想推进到群体与文化、时间的关系。9.1.1 小节将尝试说明现代生活中的急迫感和一周七天、一天二十四小时的划分只是一种可能。群体生活的时间也可以从不同的角度切入，这为我们反思当代"加速社会"的效率迷思提供了基础。

9.1.1　群体文化的时间阐释

2019 年我听了一个在肯尼亚工作的人类学家的讲座，她讲述的东非有些文化中的时间观念让我印象很深。在斯瓦希里语中有两个词语 Sasha、Zamani。Sasha 涵盖了当下、不远的过去和不远的将来，而 Zamani 则涵盖了所有的过去并不断延绵至无穷往昔，Sasha 和 Zamani 互相依存。这两个概念不仅估量时间，还依附在所有的物体、事件和一个人所拥有的回忆上。我不能完全理解这两个词，但明白这和我所感受的时间截然不同，日程表所体现的昨天、今天和中午十二点在这种认知体系下参考价值非常小。

世界上的不同文化大多有自己对时间的丈量方式和与之相对应的时间感知（两者互相影响）。跨文化交流要求人们考虑不同文化对时间的不同理解，在这里举几个理论例子。克莱德·克拉克洪（Clyde Kluckhohn）曾提出一个"时间焦点"问题，指出所有文化群体都要回答焦点应该是放在过去、未来还是现在。吉尔特·霍夫斯泰德（Geert Hofstede）的文化维度模型则希望人们考虑交流双方是放眼长远目标还是更习惯关注当下。甚至有学者提出不同文化可能会有"单一时间线体验"或"多时间线体验"，前者将时间视作线性的，主张专时专用；后者可能不那么在意时间安排，会多任务处理。这些理论并非绝对的评判标准，但也许可以让人明白时间在不同的群体文化中也具有不同的定义。

9.1.2 丈量时间的价值

当个人进入群体，弹性、私人的时间体验就被文化群体的时间体验所覆盖甚至替代了。为了理解我们所生活的世界，人们发明了重要的科技手段——历法和钟表。这类技术就是为了丈量时间，给时间流逝赋予物理属性，比如一炷香燃尽或是时钟指针走一圈，历法则依靠日、月、年这样的自然标尺，一段时间从此成为坐标系下的量。

中国传统的农历和藏历等都和前现代的生活方式息息相关（农事、祭祀）。同样的道理，我们赖以生存的现代计时系统和工作时间安排也和现代的生产方式紧密相连。十八世纪末期钟表精度的提升和工业化同步进行，时间成了一种规训公共生活的工具，成了新教工作伦理的体现。相信有很多人读过马克斯·韦伯（Max Weber）的《新教伦理与资本主义精神》，新教的工作伦理将财富的积累当作一个人价值的实现，而不仅是赚钱，它还不鼓励消费并限制娱乐生活，其结果就是英国等新教国家成功完成了资本的原始积累。

在这个社会环境下，需要定时定点打卡的工作制出现了。原本参考自然时间的农业人口要学会适应精确的工业时间。上帝的召唤就是工作的召唤，工作分心、上班迟到等都要面临严重的后果。高效生产推广了钟表。在现代生活方式向全球扩张的时候，根据地球运动建立起来的二十四小时制也流行起来。这种功利地看待时间的态度不是资本经济的结果，而是它的重要推手。比如本杰明·富兰克林（Benjamin Franklin）就主张资本积累是一个人的责任，他给自己做了个日程表，每天按部就班过着勤恳的生活。

9.1.3 "时间就是金钱"成了信条

9.1.2 小节提到了中国的农历等概念，有人或许会说这样的历法和现代时间并无二致，都是用来约束生产、生活的工具。但我们都心知肚明，传统的中国历法已经成为旧历。这个过渡几乎同步于中国的现代化进程。而我们在日常生活中使用的时间单位更是不断缩小，一个时辰在现代生活里的参考价值远不及一小时、一分钟或一秒。当代人也形成了取笑"不守时"和"拖沓"的文化，体会不了传统文化里的时间观念，因为我们都相信时间可以衡量经济价值。但如果我们越来越忙，那是否昭示着时间在经济意义上贬值了呢？

时间贬值是机械化生产的必然结果。为了满足现代工作的要求，我们被迫分割自己的生活。如果八小时不够，那么上下班前后的时间也可以分给工作。如果不能出勤，那么在线上也可以工作。我们的私人生活被一层一层地剥离，越来越多的时间被投入生产链条，提高效率来保持竞争力是对时间贬值的消极抵抗，我们很容易陷入这种深渊。

9.2 "加速社会"的"铁笼"

时间贬值让我们觉得时间越来越不够用，因为当代社会处于一个加速的状态，资本主义经济作为一个追求竞争的机制在不断推动社会加速，竞争成了当下取得优势和获取资源的主流方式。美好的乌托邦就在远方，只要我们跑得足够快就一定可以赶超他人、实现物质丰富。

这种现世的竞争也来源于我们对生命有限的恐惧（对死亡的恐惧）。现代世俗社会没有前生，也没有来世。此时此刻的体验就是我们能追求并获得的一切。为逃避虚无，我们想要最多样、最精彩的明天，因此努力赚钱、理财并记下花销，努力用五分钟看懂原本需要看两小时的电影，选择知识付费产品而不是阅读……这些努力都是为精彩忙碌的明天留下足够的资源（时间），毕竟谁不想在死亡来临前实现生命价值的最大化呢？

德国哲学家哈特穆特·罗萨（Hartmut Rosa）识别出这种社会加速，并把加速分为三个面向。

第一个面向是科技的加速，科学到技术的转化越来越快。现代科学技术改变了我们对这个世界的感知，时间而非空间成了我们丈量世界的方式，任何一个曾经借助现代化交通方式抵达一个陌生地点的人都会明白这种微妙。我个人对苏州的感受不是上海西北方向的一个完全不一样的城市，而是一个乘坐二十多分钟高铁就可以到达的地方。有趣的是，如果从托马斯·莫尔（Thomas More）的《乌托邦》一直读到二十一世纪的科幻小说，这种文学作品里"他乡"从空间到时间的转化，和现实世界的通信及交通科技的发展是同步的。

第二个面向是社会变迁的加速。"当下时态的萎缩"是哈特穆特·罗萨使用的词汇。人们靠过去的经验来做未来的规划，用两者之间来定位当下（这不代表真的关注当下，当下是三个时态中最不重要的一个）。但过往的经验和对未来的期待都愈发无用。我的父辈会有"铁饭碗"的说法，而我有心理准备面对多变的职业生活。家庭生活也越来越不稳定，传统的婚姻和父系家庭对人们的约束力越来越小。生活变得未知。

第三个面向是生活步调的加速。这是我们最直观、最私人的感受——时间越来越少，生活步调越来越快了。在同样的单位时间内，现代人需要也渴望做比以往更多的事。这种加速看似与科技加速是相悖的，毕竟科技手段可以提高效率，但事情并非如此，尽管"科技加速率"让人们能够在单位时间内处理更多的事，但如果"社会加速率"高于"科技加速率"，人们就永远要面对、处理越来越多的事。从电子邮件时代到即时通信时代，要处理的信息是不是越来越多了？在更短时间内完成更多工作从而拥有更多的时间显然是一个伪命题，社会的加速是一个动态过程，不断在科技、社会、生活三个面向上进行正向反馈，进而形成一个闭环，把私人时间绑架了，让人越来越快，再也停不下来。

当然，这只是一个理论模型。社会加速批判理论提供了一个做出评判的框架，让我们反思自己为什么焦虑，为什么被动或主动做着自己其实并不愿意做的事情。

在这个越来越快的时代，我们经历着"异化"。这是一个社会学和文化研究中经常出现的词汇。经典的异化场景脱胎于从卡尔·马克思（Karl Marx）继承而来的批判理论。举一个例子，一个工人走进流水线生产一双皮鞋和一个前工业时代的工匠打造一双皮鞋是不一样的，前者不能看见自己产品的最终模样，只负责安装一个鞋底或涂上一层热胶等。走出工厂，他用微薄的薪水去供养家人，可能永远也支付不起他贡献了劳苦的那双鞋的价格。尽管这一切的发生不涉及任何人身关系的绑定，他却成了"机器——生产——消费"体系的奴隶，被生产线背后的资本剥削着。

卡尔·马克思发现这种新的常态，因此著书，希望改变财产的属性从而让工人免受剥削。这种体系会让人们痛恨工作，却让人被迫工作至死，消费至死。这个例子的现代版本之一就是部分资本提倡的"996"工作制，一个员工只是这个生产链条里一个可以被替换、被牺牲的部件，等待着耗尽价值。

在个人层面上，这个世界充斥着提升效率的技巧，也流行着"工作创造价值、丰富生活体验"的宣言。但我们越来越不快乐了，开始感叹时间的加快，记忆与信仰的不可靠，未来的不可预知，人际关系的流动，器物的一次性……我们处于一种个人层面的异化之中。

除了人的异化，人和空间的关系也发生了异化。我们可以往来于不同的城市和同一座城市的不同场所，但是这些场所不再能为我们提供精神依靠。我们可能会每周都逛同一个商场，但这种熟悉永远不同于我们所记忆的童年放学走过的街道。

人和物体的关系也发生了异化。电子产品的可维修性越来越低，复杂度越来越高，迭代速度却越来越快，廉价意味着这些商品从被设计之初就是可以被随时丢弃的东西。

我们与自己的关系也发生了异化。为了在"加速社会"生存下去，我们睡得更少，做得更多，生活与工作的界限逐渐消失，我们手机里多了一堆事务软件，GTD 原则优化着我们的生活。在偶尔的喘息时间里我们必须要问自己：这一切到底是从何而来？我们可以做什么？

9.3 对抗异化，保卫日常生活

要想解决以上问题，我们首先要意识到问题的存在，因此有了前面关于时间感知的叙述。从这里开始将介绍如何挣脱对时间与效率的迷茫，成为自己生活的主宰，最终对抗异化并保卫我们的日常生活。

产生对现实问题的知觉是最困难的一步，马克斯·韦伯的铁笼理论正是想阐明这个道理。习惯"拽"着我们，让我们对其他可能的生活方式视而不见。本文开头提到的作家塞缪尔·巴特勒的最大成就不是他的小说，而是他对进化论的改进，他意识到文化和文化特质也是可以被遗传的。在全球化时代，扁平的世界逐渐共享对时间加速的狂热，而这种时间观念可能在世代之间传承、加强，导致 Sasha 和 Zamani 这样充满美感的概念最终消失，"996"或许真的会变成"007"，但我们可以拒绝，可以抵抗，可以从日常生活中寻找阐释时间的新可能。

9.3.1 学会关照自己

身心健康是我们能够独立看待世界的基础。这跟自私的区别在于自私在于获益以得到比较优势，而对自己的关切不在于是否有比较的对象。在影响其他人之前，向内的生长是必要的。不是每个人都能像亨利·戴维·梭罗（Henry David Thoreau）那样有一片瓦尔登湖可以用自然的方式支持自己的生活，但我们都可以着手让自己的生活在细微处变好。这不存在竞争的压力，这种改变本身就是成功。自我的生长是我们要花一生维系的，这包括阅读、听音乐、保持健康的作息等我们认为美的事物。此外，应该积极思考美的定义是什么，这算是少数派用户都比较在意的话题，所以关照自己，为自己经营好生活吧。

9.3.2 反思工作的意义

如果要抵抗工作安排对时间的剥夺，就不得不展开对工作意义的讨论，这篇文章的目的不在于此。但是我想说：要让工作支撑你的生活，不要让工作占据你的生活，从事自己认为有意义的工作吧。更好的选择应该是大胆追求，开展积极的创造。

《圣经》里对工作的意义有很好的说明。创世纪中上帝工作六天，他所创造的一切都是好的，创造是这个世界上最高贵的工作。而当人类偷食禁果，上帝将亚当和夏娃逐出伊甸园之后，除了死亡，最严苛的惩罚就是让人类劳作终生。再过许久，人类修起巴别塔，而这所有的劳动都是为了创造虚名，这样的劳动等同于亵渎神灵，于是招来了混乱与离散。我对这几个故事记得很清楚。因为我认可这里面的寓意：毫无意义的辛苦和追求虚名的徒劳是对人的惩罚，而创造则是宇宙中最具美感的事情。

创世纪的故事还有一条信息——要享受休息。当上帝看见自己创造之物的美妙以后，他决定休息。因此，每周的第七天就是安息日（休息日）。休息在希伯来文化中是个非常重要的概念，因为休息不局限于人，而是延伸至世间万物，人应该让世界都停歇片刻，让节奏慢下来。对于信众来说，工作和休息都关乎侍奉上帝；对于更多无神论者或不可知论者来说，这启示我们工作和休息都不是目的，而是手段。工作和休息都是关怀自己、追求美好的手段。所以我认为 "996" 工作制和将这种工作理论强加于他人的资本力量纯粹是在作恶。

9.3.3　与世界发生联系

关照自我，展开反思以后，接下来就是塑造生活了。前面讨论了加速造成了异化，其实罗萨对于加速提出了自己的解决方案：既然人们失去了旧的联系，应该就可以创造新的联系，他将之称为 "共鸣"。一个健康、独立的人有能力重新创造出有意义的关系网。

一个更好的社会是一个人与人有联系的社会，一个存在共鸣的社会。罗萨设想了三个共鸣轴。水平的共鸣轴是人与周围世界的共鸣，如在抗议 "996" 的运动中程序员的声音能够引起法律界的关注，虽然舆论逐渐冷却，但这形成了新形势下劳工运动的发展。人和自然的垂直共鸣轴则催生了宗教和艺术，我们对死亡及人生价值的追寻使得这一层面的共鸣轴永远不会消失。人和物质世界之间也有一个共鸣轴，比如学校教育、公共活动，这个共鸣轴可以帮助人们建立与他人、周遭世界、永恒世界的联系。

9.3.4　真实地活在当下

"我们如何度过每一天就是我们如何度过生活的（How we spend our days is, of course, how we spend our lives）" 是作家安妮·迪拉德（Annie Dillard）的一句话，我

读到的时候很喜欢，就抄在了自己的日记本上。认真地生活在当下的这一刻或许是我们唯一能立马着手的事情了。当下恐怕也是唯一真实存在的时间维度，古罗马思想家奥古斯丁（Augustinus）主张"存在就是现在""过去只是我们回忆的感觉""未来就是我们的期待"，后两者完全发生在我们内心之中。所以我最后的一条感悟就是"真实地活在当下"。

在流行文化中此类口号很常见，很多人都知道霍勒斯（Horace）的谚语"及时行乐（Carpe Diem）"，明白要享受每一天，但我要强调：当下的存在是一种责任。在加速社会中我们都成了"铁笼里的囚徒"，而挣脱它的钥匙在我们自己手里。改变生活不会发生在明天，而只会发生在当下，要努力活在当下，把自己当作改变的对象，拒绝生活的惯性对我们做出的安排，把过好日常生活当作践行存在的唯一方式。

以前看过一部电影——*About Time*，男主有穿越时间的本领，可以改变生活的轨迹。他最后的体会是不要执着于不犯错，而要把每一天都尽力过得充实，让每一天都值得再经历一次。只有对自己的生活掌握了主动权，我们才愿意回忆，因为把过去铺展开来是一个值得讲述的故事。我们才会开始期待，因为将来值得我们继续好好活下去。我们也就成了自己生活的"主笔人"和"叙述者"。活在当下应该成为我们度过一生的方式，所以，积极生活吧，不要抱怨，不要再做虚妄的思考，不要再进行无意义的等待，要时刻记住：人的生命有限，但生活可以无限。

9.4　小结

此文不是行动指南，只是个人的反思，发表出来只是为了贡献一点公共生活的材料。我无意批评对高效的追求，只是希望告诉大家这种思想只是适应特定的社会文化背景。我们每个人都有权利畅想符合自己期待的美好生活。对于"存在""异化"之类的概念及世界是否是可知的，其他人有大量的思辨、讨论，我无意也没有能力展开全面的论述。引用的语句是我对相应语言的原文进行翻译得到的，并没有按照流行的中译本来引用，如跨文化交流部分的概念就是我直接从英文翻译过来的，希望大家在阅读时注意。

原标题：《"996"和 GTD 是同一枚硬币的两面：对当代生活时间感知的反思》

作者：Johannes Factotum

第 10 章
掌握 SET 法则：过好每一天

时间管理的核心应该是如何卓有成效地度过每一天。

我一直希望自己达到下面这样的状态。

- 早晨起床之后脑子里已经明确了今天的行程，因而出门时充满动力。
- 在工作和学习中虽有困难和时间压力，但知道自己能在有限的时间内完成，精神不会过于紧张。
- 遇到紧急事务时能尽量化解它与计划任务的冲突，即使事情有所延误，也知道何时可以完成它。
- 离开办公室前能看到自己的成果，心里明白这一天没有瞎忙，更没有荒废时间。

遗憾的是，所谓的时间管理类工具似乎并不在乎我们如何度过一天。

在针对我的教程《用 OmniFocus 3 搭建任务管理系统》的读者提问中，有不少类似"你是如何用 OmniFocus 安排自己的一天的"的问题，这时我才意识到自己使用的工具中有的负责记录行程（Calender），有的负责安排任务（OmniFocus），有的负责检查事情的进度（OmniPlan）……但我要如何安排自己的一天不是单靠这些工具就能解决的。

完成教程半年多以后，我带着疑问重新阅读了《搞定》《深度工作》《创造时间》等书，试图找出一套行之有效的时间管理方式，管理好自己的每一天，最终诞生了"SET 法则"。SET 法则并不神秘，其实是在其他工具中常见的概念的集合，具体如下。

- S（Scheduling，行程）：记录在日历中的一天中约定好的任务。
- E（Energy，精力）：记录某段时间内自己的精力状态。
- T（Task，任务）：记录需要完成但没有特定时间节点的任务。

行程、精力与任务就是构成一天的基本要素。而 SET 法则的目的就是利用这三个要素，通过三个简明可行的步骤，合理安排每一天。

之所以称它为法则而不是方法，是因为这不是一套硬塞给你、让你亦步亦趋的死板教程，而是希望你看完 SET 法则的介绍之后可以利用它规划出你心目中完美的一天。

注：本文有两种阅读顺序。第一遍建议按照 10.1 节、10.2 节、10.3 节、10.4 节的顺序阅读，如果已经读过一遍，可以尝试按照 10.4 节、10.3 节、10.1 节、10.2 节的顺序阅读。

10.1 为什么现有的时间管理工具失败了

SET 法则并不是要推翻任何一种工具或者方法论，相反，它要建立在现有的使用日历、借助待办清单工具和依靠 GTD 等方法的优点之上，解决这些方法没有解决的问题——精力错位。

在讨论 SET 法则之前，先看看为什么仅靠日历和待办清单做不好时间管理。

10.1.1 时间管理的 1.0 阶段：使用日历

日历可能是最直观、最容易被人接受的时间管理工具，如图 10-1 所示。它直接反映时间的流逝，在特定时间点安排任务似乎可以完美满足"如何安排一天的行程"需求。无论你接不接受时间管理这个概念，日历（或课程表、会议行程表等其他形态的日历）早就应用于我们的生活中。

但日历的缺点也显而易见：需要用户具备强大的自制力或执行力去完成日历中安排的任务。一个满满当当的日历需要用户在每个时间点都"踩准节奏"，如果出现他人打断、自己延误或者突发的新任务，剩下的行程基本就会失效。出现这种情况时，快速调整、安排日历事项需要消耗大量的心力。

因此我将使用日历定义为时间管理的 1.0 阶段。它关注如何分配时间，在设想中可以达到我想要的状态，但在实际面对复杂的生活时做不到有效管理时间。

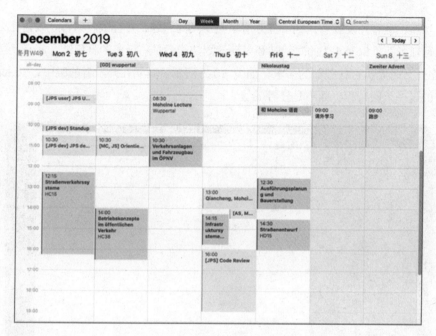

图 10-1　典型的一周安排

10.1.2　时间管理的 2.0 阶段：依靠待办清单

一些没有固定执行时间的任务不适合放进日历，于是出现了新的专门"对付"它的工具——待办清单。

待办清单最大的作用是消除了任务堆积在脑中的压力感，就像搬家前整理家中的杂物，将原本堆在箱子里的物品有的扔掉、有的打包，最后房间变得很宽敞，重要的物品也不多。戴维·艾伦（David Allen）撰写的《搞定》更是把待办清单的潜力发挥到了最大，提出经过"收集→理清→整理→回顾→执行"五步，完全可以做到有效地安排任务。

但问题就出在最重要的"执行"这一步上。《搞定》一书介绍执行的相关内容是"选择最合适的行动"，介绍了如何使用"四标准法""三分类法"等方法挑选出清单中最应该被执行的任务，但对"该在什么时候执行任务"这个最基本的问题却没有给出明确的回答。

这就是我所谓的时间管理的 2.0 阶段。这些工具关注任务（Task），目的是组织好待办清单和任务。也正因如此，我在《用 OmniFocus 3 搭建任务管理系统》教程中使用的术语都是任务管理而不是时间管理。

当然，也有开发者意识到了待办清单类工具的问题，并且试着回答"该在什么时候执行任务"。Sorted 3 的时间轴和自动计划功能就是将任务和日历结合起来，满足"该在什么时候执行任务"的需求，如图 10-2 所示。其实在开发者的眼中，Sorted 3 关注的是一天的行程，而不是任务。

图 10-2　Sorted 3 的界面

10.1.3　时间管理的 3.0 阶段：面对精力错位

日历对应时间，待办清单对应任务，为什么将它们合起来使用也做不好时间管理呢？

因为这些工具和方法论都忽视了最重要、最基本的要素——精力，以及一个浅显却容易被忽视的事实——我们不可能在一天的 24 小时里都能保持同样的高效率。人体的状态并不是静止不变的，而是随着时间不同不断起伏的。根据《睡眠革命》中的昼夜节律图，人体在早上十点左右灵敏度最高，在下午两点到五点间协调性、反应速度和心肺功能最好，如图 10-3 所示。随着太阳下山，褪黑素开始分泌，身体开始准备进入睡眠阶段。对于从事脑力活动的人来说，早上的工作效率普遍会比下午好，而熬夜工作无疑是最差的选择。

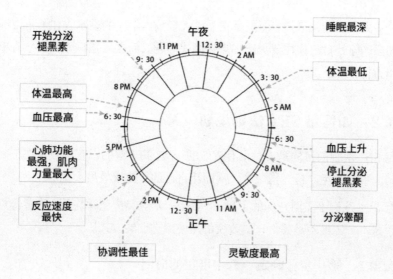

图 10-3　昼夜节律图

当然，人和人之间会有差异，有的程序员、作家或其他职业的人在晚上无打扰的状态下工作效率更高。即使如此，我们还是可以发现一个基本事实：一天中不同时间段的工作效率是不同的。对于工作来说，并不是每一分钟都是一样的。

工作效率的高低取决于什么呢？

即使不考虑同事、公司等外界因素，仅考虑我们自身，不同个体、不同职业之间的差别还是太大了，体力、注意力、推理能力、创意能力、知识积累等都不一样。在这里，我将这些高效完成任务所必需的能量统称为"精力"。就像发射火箭所需的燃料，它是推动我们工作前进必不可少的"燃料"。

如果你认识到精力的存在和重要性，也就不难想到一个问题：精力并不是无穷无尽的。繁重的工作会让身体疲惫，长时间的工作会导致注意力下降，灵感枯竭。即使有咖啡、短视频、游戏等补充体力和缓解大脑疲劳的手段，一天中可支配的精力依然非常有限。从这个视角再回看现在的工具，就不难发现为什么我们总是做不好时间管理了。

日历暗示你每一分钟都是一样的，但当你把分析客户资料、编程或研读财报这些需要消耗大量精力的工作安排在下午四点时，很有可能压根没法专注，效率低下会导致你拖到晚饭时间还没完成任务，然后只能加班。

待办清单暗示你每一件事都是一样的，但人都有畏难情绪，到最后往往会演变成"哪件事容易先做哪件"。如此这般，我们可能会把一天中最有效率的一段时间拿去完成了一些不太困难的事情，而把真正需要大量精力解决的难题放在了精力不那么充沛的时间段，导致自己往往要加班加点去解决问题，而这就是日历和待办清单没有解决的"精力错位"。

10.2　如何用 SET 法则规划一天

使用 SET 法则的目的是度过卓有成效的一天。我理解的卓有成效是在正确的时间去做正确的事，避免"精力错位"，从而让自己的工作成效最大化。

践行 SET 法则不需要特殊的工具，不需要日历与待办清单应用，你甚至可以只使用纸质手账本。工具不是关键，要改变的是使用它们的方式。

10.2.1　第一步：确定一天中可用的时间

我们首先要接受一个事实：除了极少部分职业或极少数的工作岗位，绝大多数人一天的行程都不能完全由自己决定。

学期中的课程、工作中必不可少的会议和沟通、生活中最起码的社交等都不是完全由我们决定的。蒂姆·库克（Tim Cook）在 3:45 起床开始回邮件的习惯不适用于所有人，因为你很可能每天要和团队加班到 21:00。真正有效的时间管理方法不应该是抱怨甚至无视这个现实，而是面对现实。有的文章告诉你尽量不要参加会议，或者把所有会议都推到下午，认为这样才能保持高效。对不起，这在现实中是不可能的。

如果接受并尊重这个现实，践行 SET 法则的第一步就应该是在日历中找出一天中自己可以支配的时间。

那具体该如何操作呢？对于上班族和学生这类生活是"两点一线"的人来说，最为关键的是以下时间点。

- 到达工作、学习场地的时间。
- 离开工作、学习场地的时间。
- 结束晚餐的时间。
- 洗漱完准备就寝的时间。

以 1 月 13 号这天为例。因为通勤要花的时间不短，我一般 9:00 才能到学校的办公室，17:00 之前就要离开学校，晚餐后到 22:00 之间还有一段时间。而在日历上，已经记录了 10:30 有一场需要参加的会议，12:15 要开始听一节课。

为了找出自己的可支配时间段，我在日历中专门创建了遵守 SET 法则的日历，将可支配的时间段当作日历事项记录进去，如图 10-4 所示。

- 9:00 到 10:30 为第一段。
- 11:30 到 12:15 之间只有 45 分钟，而且还要吃午饭，因此不作为可用时间。
- 13:00 到 17:00 为第二段。
- 20:00 到 22:00 为第三段。

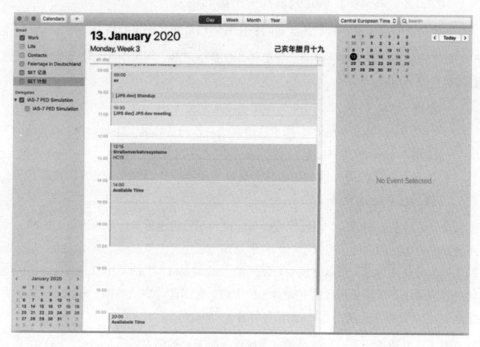

图 10-4　在日历中登记时间段

这一步是按照最理想的情况计划的。如 14:00 课程结束后肯定需要一点时间来休息，不可能直接专注于另一件事。而且有些人面对的事情也不可能做到如此时间明确，如客户能不能见到、见到后要聊多久、晚上应酬完几点能回家都是不确定的。

所以，这一步的目的不是要把事情全部堆在日历上，而是让自己明白这一天最多能有多少时间可用。我们经常会有一种错觉：一天有 24 小时，足够我完成很多事情。这一步就是要消除这种错觉，意识到一天中属于自己的时间可能只有 5 到 6 小时，甚至更少。

我相信无论是习惯早睡早起的人还是习惯晚睡晚起的人，无论你是从事技术工作还是管理工作，总会有一套自己的工作、生活规律。对此有一个小技巧——根据地点去回溯。一般在特定的地点我们会有特定的角色和任务，找到抵达和离开这个地点的时间，也就基本能找出自己的可用时间。

完成这一步后，就会发现自己一天的时间被分割成了一个又一个的时间段。具体如何使用这些时间段是 SET 法则最关心的事。

10.2.2 第二步：确定完成任务所需的精力

在使用时间段之前，我们还需要明确任务的数量及其所需的精力。

如果你没有任务管理的经验，首要任务就是整理出一张属于你的待办事项清单，具体包含以下两步。

- 收集：将你工作、学习、生活中需要完成的大大小小的任务全部集中记录在一个地方（推荐 iOS/macOS 用户使用系统自带的备忘录，Android/Windows 用户使用 Microsoft To Do）。
- 整理：给任务添加属性，如时间属性（任务截止日期）、是否为重复任务、执行任务的地点等。

这只是最基本的两步，但已经可以帮你得到一张记录所有任务的清单。各种工具还会提供更丰富的功能，但对于初学者来说先完成这两步就已经足够了。如果你想更深入地学习任务管理，可以阅读少数派网站（sspai.com）上的《用 OmniFocus 3 搭建任务管理系统》《用更现代的方式做任务管理》《用设计演化经典——Things 3 上手指南》《10 分钟学会使用 GTD 做任务管理》等内容。

有了待办清单，下一步就是确定完成任务所需要的精力。

亚伦·斯沃茨是一位在 13 岁时就参与制定 RSS 标准的技术天才，《互联网之子》这部纪录片的一个小细节展现了他的时间管理方式。他的书桌上放着一摞书，他解释说："如果我累了没办法继续专注工作，我就会拿这堆书最上面的一本开始阅读。"由此看来，他判断何时做何事的标准就是这件事需要的精力状态。编程需要他高度集中注意力，而阅读对大脑的要求则没那么高。

任务的困难程度是不会因为人的意志而改变的。所以想要完成一件事，先要想清楚它需要我们付出多少精力。

具体来说，就是针对清单上的任务逐一进行分析：我是否需要在一段时间内集中精力，在尽量不被打扰的情况去完成它。对于回答为肯定的任务，我会在 Microsoft To

Do 中给它加上一个"High Focus"标签，如图 10-5 所示。Microsoft To Do 和备忘录没有提供标签功能，但可以通过把任务标为重要来达到同样的效果。

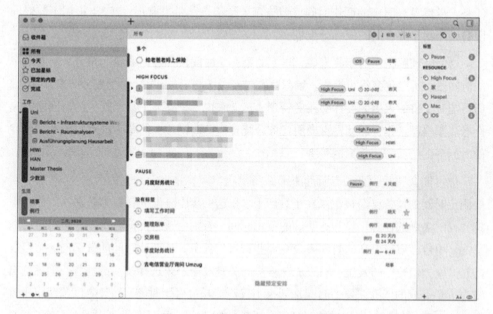

图 10-5　在任务管理工具中加标签

哪些任务应该加上标签完全取决于你对任务的判断。哪怕是同一家公司的同一个岗位的两个人，对同一个任务也可能会有不同的判断。尽管如此，我们还是能发现这些任务的如下共同点。

- 与自己的学习、工作目标密切相关。
- 无法在有干扰的情况下顺利完成。
- 完成后会有一定的回报。

完成这一步后，就能从待办清单中发现这些看上去都不容易的任务，只有完成了这些任务才真正称得上是度过了卓有成效的一天。

10.2.3　第三步：给任务找到合适的时间段

第一、二步其实是"既编篮子（找出可用时间段），又挑出了优质的鸡蛋（需要耗费大量精力的任务）"。最后一步则是"把鸡蛋放进合适的篮子里"。SET 法则的目的是规划一天的行程，其实到了第三步才真正开始做这件事。在具体操作上，这一步分为以下环节。

找出今天计划要完成的任务。（1）选择带有"High Focus"标签的任务，主要是自己的工作任务；（2）选择最好在今天完成的任务，如回复邮件、给家里买菜这类任务，虽然没有明确的截止时间，但拖延了会给自己带来麻烦；（3）根据不同时间段自己的状态将合适的任务分配进去。

这怎么理解呢？对于我来说，早上的第一个时间段往往是我精力最好、最有效率的时间段。所以我会将写报告、编程这些带有"High Focus"标签的任务分配在早上。但可能对于有的人（如设计师或者管理人员）来说，只有下午甚至晚上的时间段能完全专注于自己工作，那就将重要的任务分配在这些时间段。简单来说就是把精力最好的时间分配给最需要精力的任务。

你可能会质疑：真的有听起来那么简单吗？回答是肯定的，因为：（1）那些需要固定时间的任务已经被记录在了日历上。在这一步中分配的任务都是那些可以自由选择何时去做的任务。除非有明确的截止时间，否则一天之内何时去做是可以自己选择的。用自己质量最高的时间去攻克那些艰难的任务，从而让时间的效率最大化可以防止"精力错位"的发生。而完成这一步的关键在于不要选择过多的任务。你挑选出来今天要完成的任务需要的时间加起来不仅不能超过可用时间，而且应该预留半小时至一小时来应对可能出现的临时任务。（2）我们对自己可用的时间段已经有了真实的认识，明了了再高效的人也不可能在一天中的每一分钟都保持高精力状态。

经过这一步，终于可以规划出自己一天的行程了。回过头来看，践行 SET 法则的流程实际上非常简单，具体如下。

1. 找出自己可以专注于工作的时间。

2. 确定自己的重要任务。

3. 在最高效的时间段处理最需要精力的任务。

如果能够顺利执行，你的一天将目标明确、充满干劲又富有成效。但现实往往不能轻易让你达成这个设想。下面就介绍该如何面对现实的变化与干扰。

10.2.4　第四步：如何面对现实的变化与干扰

所有的时间管理方法听上去都非常美好，但有效的时间管理必须去直面现实条件对这套方法的限制。

在实际生活中，他人打断你的工作状态不可避免。无论是同事过来找你商议方案、上司临时给你分配了任务，还是客户找你紧急见面，这些情况都是你不能避免的。很多时间管理方法对这个问题避而不谈，仿佛生活和工作对我们而言都只是一个单机游戏，这是不合理的。SET 法则让我们接受这种打断，并灵活调整计划。

首先是要接受自己的时间已经被打断这个事实。其实仔细想想，这并不是什么坏事，因为这就是工作和生活的一部分。当你不得不去处理额外的事情时，就将它当作日历上的事项就好。

我在办公室编程时经常会有同事过来和我商量程序方面的问题，持续时间短则十分钟，长则要一小时。这件事情结束之后，我会做三件事：

1. 重新检查日历，看今日剩余的时间还有多少。

2. 将新产生的任务加入清单，整理任务的属性，看有没有需要今天就要完成的任务。

3. 对剩余的时间重新分配，将今天剩余的任务放进时间段。如果发现时间不足以完成所有任务，就把一部分任务放回待办清单。

以我自己的例子来说，假设 15:00 到 15:30 左右的时间被打断，这意味着到 17:00 之前只有一个半小时的剩余时间了。经过和同事讨论，产生了一个新的需求，但它并不是今天一定要完成的，所以直接放回待办清单。在剩余的时间里继续完成之前没做完的任务。

可以看出来，面对打断其实只需要重新执行一遍 SET 法则的流程即可，整个过程可能不会花费超过五分钟，也不需要修改日历和任务管理工具的记录，还可以以最快的速度回到工作状态。

现实中另一种常见的情况是事件临时发生变化，如会议超时或临时取消，做到一半才发现需要其他人的配合才能将任务进行下去，或者是自己身体不舒服。其实应对方法也和应对打断一样，重新执行一遍 SET 法则即可。

可能你会怀疑，这样说是不是太过轻易。毕竟面对老板的督促、项目的压力，不可能说下班就下班。诚然，每个人需要面对的现实远比我的举例要复杂，但是要记住，SET 法则不是一套让你套用的模板式教程，也不会告诉你"早睡早起才不浪费时间""专心才能高效"这些正确而无用的话。SET 法则的关键是**把最高效的时间留给最困难的事，在正确的时间做正确的事**。即使不得不加班，时间也分好坏，任务也分主次，还是将最有效的时间交给最重要的任务吧。

10.3　有效践行 SET 法则的秘诀

可以看到，SET 法则非常简单，就好像把大象装进冰箱仅需三步。但想让它真正对自己的生活造成改变，两条原则必不可少：深度工作，保护你的时间。

10.3.1　深度工作

在《深度工作》一书中，作者卡尔·纽波特（Cal Newport）这样定义了深度工作："在无干扰的状态下专注进行职业活动，使个人的认知能力达到极限。这种努力能够创造新价值，提升技能，而且难以复制。"

书中举了不少成功人士的例子：心理学家荣格在苏黎世湖畔的石头房子里工作，只有自己才有房门钥匙；物理学家希格斯不用电子设备，关起门来做研究，以至于诺贝尔奖委员会想通知他得奖了都找不到人；比尔·盖茨每年都要进行两次与外界隔绝的"思考周"，在 1995 年的思考周结束后，他写下了著名的"互联网浪潮"备忘录。

对于从事脑力劳动的人来说，深度工作状态是高效产出的基本条件。不论是在办公室里关上门专心思考的大学教授，还是在飞机场、火车站用笔记本电脑工作的商业精英，我相信他们在工作时大多可以做到无论外界环境如何，其注意力都是完全集中在工作上的。他们取得成功在很大程度上就是因为相比于一般人更能长时间处于这种状态。

当然，这些都是名人的例子，对于我们来说，无论是单独拥有石头房子还是与世隔绝两周，都是不可能实现的条件。那么，普通人该如何进行"深度工作"呢？一个简单可行的办法是使用番茄工作法。

番茄工作法操作起来非常简单：每工作 25 分钟（即一个番茄时间），休息 5 分钟。每 4 个番茄时间后休息 15 分钟。相比拥有房子等条件，在自己的工位上保持专注 25 分钟对于绝大多数人来说还是可行的。

当然，要实际运用起来还需要更多的细节知识和工具的配合。在《经过 1700 个番茄时间，番茄工作法改变了我什么》一文中，我完整讲述了自己实践番茄工作法的经验，感兴趣的读者可以搜索、阅读。

不过，我在 2021 年已经不再使用番茄工作法了，原因不是它对我无效（相反，它深刻地改变了我的生活），而是在写这篇文章的实践中，即使不打开番茄时钟，我在没有外界干扰的情况下也可以保持一个半小时左右的专注状态。所以如果你认为番茄工作法的 25 分钟限制不合理，不适用于你的工作性质，将它调整到 30 分钟或更长时间都是可以的。

深度工作的意义不只在于它本身，更重要的是它是一种对大脑的锻炼。就像如果想增强核心力量，你需要在健身房进行短时间、高强度的训练。锻炼除了本身是对身体的挑战，更重要的是在锻炼之后会让人的肌肉在断裂、重建中增强。深度工作也是如此，在工作结束之后，你的工作能力才能得到加强。如果一整天都是浑浑噩噩地工作，不仅难有成效，自己的能力也不会得到锻炼。

10.3.2　保护你的时间

我们一天之内到底有多少小时可以用于专心工作？以我自己的经验来看，平均下来每天只有 4 小时，所以，尽可能保护这段时间是时间管理的核心任务。

"保护你的时间"的第一层意思是尽量不要因为自己的原因减少可用时间。早上闹钟响起后习惯性地多睡一刻钟，醒来以后先看看新闻和朋友圈，工作的时候被手机提醒吸引过去，然后演变成浏览各类应用……这些小细节看起来都无伤大雅，也不会严重影响自己的工作。但是回头想想，本来一天只有 4 小时的专注时间，晚起可能就要减少半小时，你以为自己是在使用碎片时间浏览手机，其实是把自己的时间"打成了碎片"。如果通过各种方法让可用时间尽量延长，而且尽可能持续，将不仅能为自己赢得时间，还有利于自己进入深度工作的状态。

"保护你的时间"第二层意思是尽量珍惜高效工作的时间段。对于很多人来说，在办公室加班或把没做完的工作带回家继续做都是无法避免的，但是相对于晚饭后的加班时间或没有办公氛围的家里，白天在办公室里肯定是更利于工作的。所以，一定要把自己的高效时间段用在最重要的任务上，正所谓"好钢用在刀刃上"。

现在绝大多数人都接受了理财的概念，却不接受时间管理的概念。其实自己的可用时间和财产一样，都是可以通过调整增加的，也都会因为自己的忽视而浪费。保护你的时间就是避免你在无意间浪费自己的时间。

10.3.3　为什么 SET 法则是有效的

一套时间管理方法肯定会因为个体差异而效果不同。如何认定 SET 法则就是有效的时间管理方法呢？它的理论基础其实是一个简单但客观的公式：工作成果=工作效率×有效工作时间。在讨论时间管理的 1.0 阶段和 2.0 阶段时，我们发现它们要么关注如何充分利用时间，要么关注如何通过合理分配任务来提供效率。其实，单一指标的增长固然重要，但对于关注工作成果的人来说，结果重于一切。如果处于精力错位状态，我们会陷入加倍努力却没有明显改变的困境。

SET 法则的一切设计都是基于这个公式的。第一步要求找出自己的可用时间，并且强调保护自己的时间，这样可以最大化有效工作时间。第二、三步把我们从不分主次的工作节奏中"拉"出来，专注于标记有"High Focus"标签的任务，并且通过深度工作来提高工作效率。如此，还有什么阻碍我们收获想要的工作成果呢？

在具体的操作中，SET 法则只需要日历和待办清单两个常见的工具，并努力发挥它们的优点，规避缺点。日历可以直观反映一天的时间，但不便于灵活地进行调整；待办清单负责管理任务，并且像管理仓库一样，在开始工作时拿出任务，在需要更改计划时回收任务。由此一来，抽象的 SET 法则就转化为容易让人操作的三步，能直接帮我们规划好每一天。

10.4　时间管理的起点与终点

我常将理财与时间管理进行对比，相比于目标明确、有直接收益的理财，为什么需要时间管理呢？

时间管理的意义在于给目标提供时间。没有人能操控时间，但时间管理会帮助规划出能完成那个目标的时间。它不会增强专业能力，不会拓展人际关系，把各种时间管理应用的功能运用熟练也不会帮人们完成工作。但人们就是需要它，需要用它来重新审视自己的生活，规划自己的一天，更有效地利用时间。你可以不拘泥于任何陈规，但不能忽视它，因为时间管理是"能载你抵达彼岸的小船"。

10.5　小结

我认为过去网络中的内容太过热衷于讨论时间管理的工具，而忘了讨论这个主题下的基本问题。这导致很多人容易把使用某个工具等同于时间管理，当发现工具不好用的时候就把时间管理当成一种"玄学"，甚至是吸引流量的内容。

我在过去陆续写过一些关于时间管理工具的内容，但是对下面这些基本的问题却始终没有正面回答：

1. 什么是时间管理？

2. 我们为什么需要它？

3. 它的原则是什么？

4. 它如何有效地改变我们的生活？

因此，我写了这篇文章。首要目的当然是介绍 SET 法则这套时间管理法则。除此之外，也希望能在这篇文章中大致讨论上面的四个问题。不过这篇文章只能起到梳理框架的作用，很多内容还没有细化，如哪些方法可以让人快速进入深度工作状态？管理任务应该达到什么样的效果？如何提高时间的利用率？各种问题还有待将来解决。

希望我们以后在讨论某个工具或方法论时不再只靠某成功人士是这样做的来论证，而是能回到讨论这四个更基础的问题上。因为只有这样，时间管理才不会一直被当成"玄学"，而是成为一件真正有用的工具。

原标题：《SET 法则：过好每一天的时间管理之道》

作者：sainho

第四篇
任务管理：
腾出精力提升自己

第 11 章
学会使用“收集”，重新认识任务管理

在《现代汉语词典》中，管理的一种释义为：负责某项工作使其顺利进行。我们使用任务管理工具的目的也正是想通过它管理生活和工作，使其变得井然有序。但无论你使用哪款任务管理软件，它都不能接管不断变化的生活。

所以，我们要解决的第一个问题就是：如何把我们的生活从不可控的连续状态变得可以被管理。

搭建任务管理系统的第一步是建立一个收集任务的机制，将生活、工作、学习中的每一项待办事项都收集进任务管理软件的收件箱。本文会以 OmniFocus 为例展示利用收集重新认识任务管理的思路。

11.1　好的收集让任务管理成功了一半

无论是亲身使用还是观察其他人做任务管理，我都发现在任务管理过程中收集这一步很容易被忽略，只想着使用一些高阶功能会导致任务管理到最后变成纸上谈兵。其实，好的收集让任务管理成功了一半。

11.1.1　收集的范围

任务管理的第一条建议：判断脑中所想的事是否应该放进任务管理系统。

先和大家分享我的一次失败的任务管理经历。我一直想学习 Photoshop（后文简称 PS），后来发现了“最简单的魔法”教程，感叹终于有了易懂且系统的教程，心想这次一定要学会 PS。于是将学习教程收集到了 OmniFocus 中，并按课程章节收集了任务。但现实却是学习的过程断断续续，始终没法进入学习该有的节奏。

问题出在哪里呢？回过头来分析，我发现自己在心里并没有真正把这件事当作一个任务。于是它一直处于每天要做的事情的列表的最末端，成为一件"想起来就做一做"的事情。

我们的大脑一天 24 小时都在产生各种各样的想法，有的靠谱有的不靠谱。有些是愿望，如我要去 NASA 探索太空；有些是灵感，如我要用区块链技术开发电子钱包，打败支付宝……但这些都不属于任务。

任务是那些消耗一定数量的时间、注意力、资源的事情，如和客户敲定合同细节、完成一门课的实验报告等。我在学习 PS 上犯的错是把一个笼统的任务（学完 PS 教程）直接放进 OmniFocus，而没有认真地规划时间、精力去完成这个任务。

所以当你打开 OmniFocus，准备用它记下任何一项任务时，请思考以下两个问题：

1. 这是一项需要立即完成的任务吗？

2. 我可以在两分钟内完成它吗？

有一些任务立即就能完成，如打电话预约今晚九点的餐厅座位，这种需要放进 OmniFocus 吗？这时可以参考 GTD 理念中的两分钟原则：如果完成任务需要的时间不超过两分钟的话，就该立刻执行而不是收集起来。这个原则想表达的是：若完成一个任务不会打断当前的工作状态，是可以立刻执行这个任务的，我们不必刻板地按两分钟来衡量，如针对预约餐厅的任务，熟练的话边工作边完成就行了，不必郑重其事地写进 OmniFocus。

如果不是需要立即完成的任务，那么就将它放进 OmniFocus，准备在下一步处理；如果它只是一个愿望或者目标，如学会使用单反相机摄影，就应该将它记录到自己的笔记或备忘录中，以便日后完成。

11.1.2　收集的时机

任务管理的第二条建议：当任务出现时立刻收集。

"如何将任务完全收集到任务管理工具中"是初学者要迈过的一道坎。不少刚开始接触 OmniFocus 的用户在收集任务的时候经常会发现大脑中毫无头绪，不知道该写什么。

通过观察日常生活，我们会发现任务有以下两种。

第一种是从上到下的计划产生的任务。譬如我所在的科研组每次组织实验时都会计划出从写立项申请到实验结束后整理实验现场的每一个需要完成的工作任务，最后整理成一张完整的任务清单。

第二种是从下至上面对实际工作需求时临时想到的任务。如召集一次会议时才有"给各部门负责人发邮件通知开会"这个任务；设计师做产品原型时才会有"与产品焦点小组交流以采集意见"这样的任务。

我们专注的是个人任务管理，而非大型项目管理（两者从目的到实际操作有着巨大的差别），因此第二种任务出现得更频繁。所以一旦一项任务出现时，就立刻把它记录下来。

OmniFocus 存在的意义在于代替我们的大脑去记忆一些琐碎的事情。所以当大脑中出现任何一个待办事项、提醒或来自别人的指令时，都应该先把它们收集起来。如对工作中上级指派的任务、下班后要去超市购买的物品、回家后要退回去的包裹等都应该不分轻重缓急，先放进 OmniFocus。

明确了收集的范围和时机后就可以开始将任务放进 OmniFocus 了，收集任务的"目的地"应该是 OmniFocus 的收件箱。

11.1.3 收件箱的作用

任务管理的第三条建议：将任务先放进收件箱。

收件箱是任务管理系统的入口，可以把它理解成实际生活和 OmniFocus 的任务体系之间的缓冲区。打开 OmniFocus 以后能轻松地找到收件箱，并在其中收集任务。

在 OmniFocus 的收件箱中，一项任务被称为动作，如图 11-1 所示（之后你会学到 OmniFocus 中的动作与项目的区别，但现在你只需要知道动作是 OmniFocus 中最基本的单位）。

可能使用过 OmniFocus 的读者会问：如果我已经知道任务的一些属性，如截止时间、所属项目，为什么不直接在项目视图中把任务写下来呢？

收集这一步讲究一个"快"字。在实际使用过程中，很多想法或来自他人的任务都需要在短时间内被记录下来。客观条件不允许我们先打开应用再慢慢找到想要的视图。

图 11-1　在收件箱中收集动作

从另一个角度来说，收集这个动作一天内可能有十多次，如果每次都要花费一两分钟去找到不同的视图，相当于工作状态被打断了十多次，本来是希望借助任务管理帮我们保持专注，这样它反倒成了干扰源。

所以，在使用过程中一旦出现任务就条件反射般地打开收件箱，将任务记在 OmniFocus 中。

11.1.4　收集时该写的内容

任务管理的第四条建议：用"动词+名词"的形式填写动作标题，将相关文件放进附注。

既然要快，收集时就不用太过详细。那么，收集时该怎样描述一个任务呢？基于快这个要求，收集这一步必须先记下的只有动作标题和相应的附注。

动作标题要简明地描述出想达到的目标，最好是"动词+名词"的组合，类似"寄出申请学校的文件""整理××项目的销量表格"，而不是"写代码""上季度的销售报表"这种缺少动词或精确描述的标题。

而附注之所以需要在第一时间记录，一方面是由于它可能是帮助完成动作的重要信息，如前面提到的邮寄地址；另一方面是由于很多动作可能基于一些文件，如公司邮件中的一份表格附件需要经过处理后再发出，在这种情况下把表格直接放进附注无疑是更顺理成章的做法。

11.2 在 macOS 中收集动作

在收件箱中收集动作是最基本的收集方式,打开或不打开 OmniFocus 都可以收集动作。

11.2.1 使用"新建动作"选项

最基本的新建动作是通过工具栏上的新建按钮完成的。需要注意的是:这样收集的动作会自动加入当前主大纲界面中。这意味着如果当前显示的是收件箱,则该动作会被收集进收件箱,如果当前显示的是某个项目,则动作会被归到该项目下。

正如之前的建议,如果是在通勤路上或其他时间比较紧急的情况下,建议不假思索地先将动作收集到收件箱中,如果对 OmniFocus 已经比较熟悉,且坐在电脑前准备专门进行任务管理,可以考虑直接将动作收集到对应项目中,如图 11-2 所示。

图 11-2 通过菜单栏收集动作

也可以在菜单栏依次单击"文件→新建动作"选项或按 Command+N 组合键新建动作。

11.2.2 使用快速输入窗口

针对 macOS 的 OmniFocus 提供了"快速输入"窗口,在任意界面通过全局快捷键即可呼出。它看上去是精简过的界面,但并不缺失功能,可以非常完整地输入想填写的项目、时间和项目等信息，如图 11-3 所示。

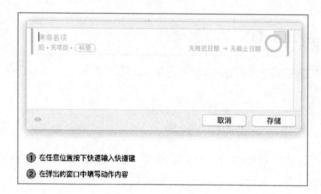

图 11-3　快速输入窗口

在"偏好设置→通用"窗口中能设置调出快速输入窗口的全局快捷键，如图 11-4
所示。

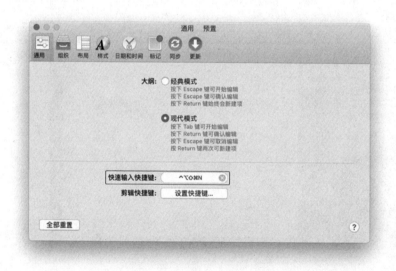

图 11-4　设置快捷键的窗口

11.3　在 iOS 中收集动作

在 iOS 平台，OmniFocus 也提供了多种收集动作的方法。

11.3.1　在应用内收集动作

在针对 iOS 的 OmniFocus 的任意界面的右下角能看到添加按钮,方便用户有想法时随时操作,如图 11-5 所示。

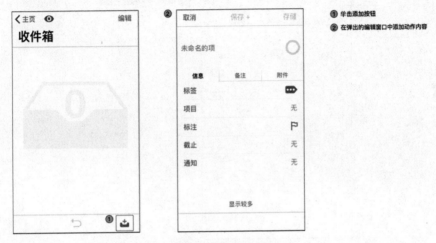

图 11-5　在收件箱中收集动作

在针对 iOS 的 OmniFocus 的项目视图中,界面的左下角会出现一个添加按钮,如图 11-6 所示。与之前不同的是使用这个按钮创建的动作直接归属当前的项目。

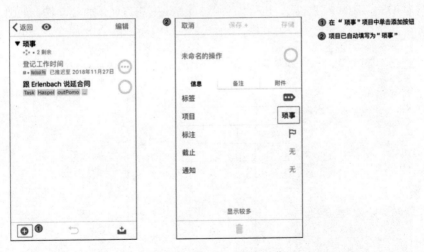

图 11-6　在项目中收集动作

为了在手机屏幕上提高操作效率,在 iOS 上存储新建的动作时会有"保存 +"和"存储"两个选项,如图 11-7 所示。后者是传统意义上的保存,单击后会回到原来的

界面，而"保存 +"相当于完成保存动作后再单击一次添加按钮，方便用户连续收集
多个动作。

图 11-7　保存动作

11.3.2　利用 3D Touch 和今日菜单收集动作

作为 iOS 特有的交互方式，也可以利用 3D Touch 很方便地收集动作，如图 11-8
所示。

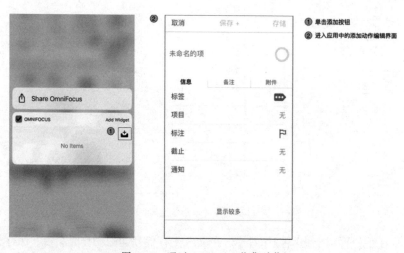

图 11-8　通过 3D Touch 收集动作

重按 OmniFocus 图标就能呼出 3D Touch 菜单,单击"新收件箱"选项就能将动作收集到收件箱中。由于系统特性的限制,想在针对 iOS 的 OmniFocus 中输入标题和附注还是需要进入应用。

如果设备不支持 3D Touch,今日菜单中的 OmniFocus 部件也可以让我们快速找到收集动作的入口。单击今日菜单中的"编辑"选项将 OmniFocus 添加上以后,就能单击添加按钮进入 OmniFocus 开始收集动作,如图 11-9 所示。

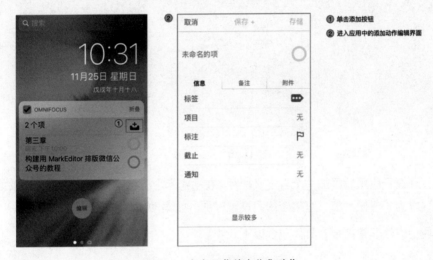

图 11-9　在今日菜单中收集动作

11.3.3　利用 Siri 和捷径功能收集动作

iOS 12 的捷径功能一经推出就广受关注,OmniFocus 也在第一时间支持了捷径功能。捷径功能与 OmniFocus 的配合分为如下两种方式。

1. 在应用内设置个性化短语。

2. 在捷径功能中的 OmniFocus 上操作。

打开 OmniFocus 设置的界面,单击"Shortcuts"选项后能看到 OmniFocus 的不同视图,如图 11-10 所示。单击"收件箱"就会打开设置个性化短语的界面。

不过,在针对 iOS 的 OmniFocus 内设置个性化短语只能执行类似"打开收件箱"的简单操作。如果想直接通过 Siri 收集动作,需要去捷径功能内自定义一个捷径。

如果你对捷径功能还不了解,可以通过 Hum 的《捷径:由浅入深完全指南》教程系统地学习,或者在少数派官网中搜索相关文章。

图 11-10　Shortcuts

打开捷径应用后添加一个自定义捷径，在动作库中就能找到 OmniFocus 相关的动作。这里为了方便大家，直接介绍我设置好的"收集动作到收件箱"捷径。

使用方法非常简单，具体包含以下几步。

1. 呼出 Siri，对它说："记下这件事"。

2. Siri 运行捷径，开始进行语音听写，这时可以开始说"收集动作到收件箱"。

3. 捷径运行完毕，在 OmniFocus 的收件箱中就能看到刚才收集的动作。

11.4　其他收集动作的方式

上述列举的收集动作的方式都是由 OmniFocus 应用直接提供的，不需要过多的设置，使用起来也比较方便。但 OmniFocus 还隐藏了许多你没想到的收集动作的方式。

11.4.1　通过共享菜单收集

正如前文所提到的，很多动作都不是脑袋中凭空想象出来的，而是在浏览文件或者网页时所产生的。在 macOS 和 iOS 的共享菜单中都可以找到 OmniFocus，方便我们快速收集动作，具体过程如下。

1. 在系统的共享菜单中添加 OmniFocus。

2. 在 macOS 中依次单击"系统设置→扩展"选项，然后在弹出的界面中勾选"共享菜单"选项。

3. 在 iOS 中打开 Share Sheet 界面，在"活动"界面的"更多"选项中找到 OmniFocus 并添加到 Share Sheet 中。

通过共享菜单收集动作会将当前的网页标题作为动作的标题，将当前网页链接作为附注收集到动作中，也可以在菜单中设置更多选项。

macOS 的 Safari 会直接将共享菜单放在工具栏中，而其他应用的共享菜单可能会被放在不同的位置，如在 Chrome 中需要单击"文件→分享"选项才能找到共享菜单。

11.4.2 利用 Mail Drop（邮件捕捉）功能添加

写毕业论文期间邮件是我和导师保持联络的重要工具（也是唯一工具）。如果收到了一份来自教授的邮件，邮件里要求"下周五之前来我办公室做一次中期报告"，这时是打开 OmniFocus 收集动作，还是打开快捷窗口收集动作呢？

我想对于邮件，最自然高效的应该是直接在邮件客户端中就能收集动作，事实上 OmniFocus 也提供了 Mail Drop（邮件捕捉）功能来通过转发邮件收集动作。

使用 Mail Drop 需要先进行如下设置。

1. 拥有 Omni Sync Server 账号，如果还没有注册，可以先去官网注册。

2. 登录到 Sync Server Web 界面，单击"Add an address"选项生成电子邮件地址。

3. 将邮件转发到 Omni Sync Server 生成的电子邮件地址，如图 11-11 所示。

图 11-11 Mail Drop（邮件捕捉）功能的操作界面

在 OmniFocus 中，邮件的主题会成为动作的标题，邮件的内容会成为动作的附注，如果邮件内容里有附件，也会被一并放进附注。

11.4.3　通过剪辑添加

有时在浏览网页或阅读 PDF 时可能会直接截取其中的内容作为动作的标题，虽然可以先复制文本再在 OmniFocus 中粘贴，不过更快的是通过剪辑功能添加，如图 11-12 所示。

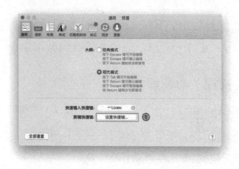
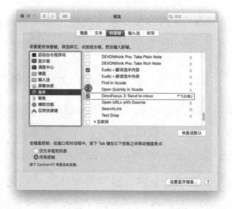

① 单击"设置快捷键"按钮

② 设置快捷键

图 11-12　通过剪辑添加

想要使用 OmniFocus 的剪辑功能需要先做如下设置。

1. 打开 OmniFocus 的偏好设置中的"通用"选项卡，找到下方的"剪辑快捷键"选项。

2. 受沙盒机制的限制，不能在 OmniFocus 中直接设置剪辑快捷键，因此需要单击"设置快捷键"按钮后打开系统偏好设置的"快捷键"选项卡。

3. 在"服务"选项中勾选"文本 - OmniFocus 3：发送到收件箱"复选框，设置快捷键。

4. 在浏览器或者 PDF 阅读器中高亮选中文本，按下快捷键，快速输入窗口就会出现，选中内容就会作为动作标题。

剪辑功能是利用了 macOS 的服务特性。在 Finder 中选择文件后单击鼠标右键，在选择服务中就能看到"OmniFocus 3：发送到收件箱"选项，单击后会弹出之前介绍过的快速输入窗口，只不过标题名被写为文件名，文件作为附件放在了附注中。

11.4.4　添加丰富的附注

在 macOS 版的 OmniFocus 中可以在附注中添加文字和文件，而在 iOS 版的 OmniFocus 中附注被区分为注释（文字）和附件（文件）。

在 macOS 版的 OmniFocus 的附注窗口中单击鼠标右键（或者在命令栏中依次单击"编辑 →附件文件"选项）可选择添加附件的两种方式：一种是创建文件的链接，另一种是将文件嵌入文稿。两者在 macOS 版的 OmniFocus 中看起来效果一样，但是并没有真正把文件放入 OmniFocus 的数据库中，故在 iOS 版的 OmniFocus 或其他 macOS 版的 OmniFocus 中不会同步文件，只会显示文件的链接。而将文件嵌入文稿后，在 iOS 版的 OmniFocus 的附件内就能同步文件，如图 11-13 所示。

图 11-13　在 macOS 版的 OmniFocus 中添加附注

当然，受制于 iOS 系统的限制，并不是所有的文件格式都能在 iOS 版的 OmniFocus 中显示出来。iOS 版的 OmniFocus 利用硬件的特性，可以添加手机相册内保存的照片和直接拍摄的照片，也可以保存一段语音。图片和语音都会同步到 macOS 版的 OmniFocus 中，如图 11-14 所示。

① 添加照片
② 添加语音备忘录

图 11-14　在 iOS 版的 OmniFocus 中添加附注

在 macOS 命令栏中依次单击"窗口→附件列表"选项或在 iOS 的设置页面中找到附件选项都可以查看整个数据库内所有的附件，如图 11-15 所示。

图 11-15　查看附件

在 macOS 版的 OmniFocus 中，虽然标题、上下文等内容都是文字，但实际上不能修改它们的格式，只有附注中的文字的格式是可以被修改的。选中附注中的文字后，在命令栏的"格式"选项中可以修改字体、大小、颜色等，让附注更醒目一些。

11.5　小结

我们通过各种收集任务的方式重新审视了任务管理的流程——区分想法和任务，快速记录、整理与分类。

经过收集这一步，我们将能做到"将任务装进 OmniFocus"，并将复杂的生活具象成一个个独立的项目和动作。不过，这并不是任务管理的全部，有了清晰的分类之后，接下来还要看行动力和执行力。

原标题：《用 OmniFocus 看搭建任务管理系统》

作者：sainho

第 12 章
用 Notion 打造任务管理系统

关于任务管理和 GTD 的一些方法论，相信读者已经都不陌生了。虽然日常工作中我已经积累了一些任务管理的经验，但在系统地学习了 GTD 的方法论之后，还是得到了不少启发。正好平日的任务管理方式已经导致一些问题频频出现，于是决定趁写作的机会找到症结并做出合理的修正。

截至本文完稿时我应用任务管理的核心场景还是主线工作，我平日的工作场景和涉及的工具大致如下。

- 在处理公务时，我会在 Tower 上新建项目，指派给其他人或自己，然后可以方便地查看进度、跟踪问题。
- 在初期确立项目规划时，我会使用更轻量的石墨文档进行协作，通过简单的讨论和文案就能构建出基本的思路。

但是，在平时工作中我往往会有很多时间被浪费在临时的支线工作、紧急任务、会议和沟通交流上，这些工作不仅不可控，而且疏于管理的话会打乱原本的工作节奏。

起初我将这些任务随手记录在微信、印象笔记、A4 纸、滴答清单等工具上（因为不知道任务什么时候来），但往往几天过后这些任务就被我遗忘了。至此，我大概明白了自己的任务管理在哪里出了问题，或者说本质需求是什么。

首先，我需要合理地把控支线任务，这些任务通常多、杂，容易被打断和遗忘。其次，我需要一个更"重量级"的工具，具备看板功能，同时能提供多种查看任务的方式。

为什么需要多种查看任务的方式？因为我发现在使用常规看板工具的过程中，查看当天的任务及阶段性的任务相对复杂，当堆积的任务过多后，会愈加难以处理。

在寻找工具的过程中我了解并试用了市面上几乎所有的看板类工具，最终选定

Notion 作为日常任务管理工具。下面具体说说我是如何将 Notion 的独特设计理念和自己的工作流相结合的，而这些都是普通的看板工具做不到或做起来相对复杂的地方。

12.1 多种视图模式

我的支线工作中存在很多时效性比较强的任务。这种情况就需要看板有足够的能力筛选并展示不同时间段内的任务列表或其他视图。虽然有些工具也会在侧边栏集成最近七天、今日任务等筛选出来的内容，但是依然是基于看板给出的，我觉得这些应用并不是真正重视这个功能。对于我来说，能够用更简单、更合理的方式总览月度任务、明了周任务、聚焦当日任务、及时处理关键任务才是真正的解决方案，而这些需求都可以通过 Notion 轻松满足。

Notion 创造性地集合了五种基本类型于一体。一个文档并不是只能使用一种展现方式的，只要愿意，用户可以为同一个文档设置多种视图，如图 12-1 所示，用户可以按照需求自由添加合适的种类，并且根据任务属性（如时间）自动关联。

图 12-1　可选择的视图

12.1.1　总览月度任务

不得不说，任务多了以后看板就会显得杂乱无章，而人一次通常只能关注个位数的任务。集中精力可能还能兼顾任务，但是一旦任务持续的时间变长了，很早就下放的任务可能就会在无意中被忽略了。

我用 Notion 的日历模式来总览我的任务，如图 12-2 所示。日历模式不是缩小的看板，而是基于时间的任务流展示。在日历上可以很好地查看任务的起止节点、持续时间，如果遇到过于复杂的任务还可以主动分解，避免因任务的持续时间过长而忽略重要的任务。需要注意的是：关键的任务更适合用时间节点提前做好标注，毕竟这种操作在日历上更为直观。

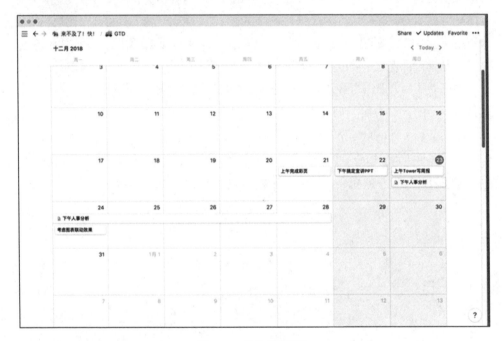

图 12-2　总览月度任务

12.1.2　下周任务（以今日为标准计算）卡片

我选择卡片模式作为周任务的视图，如图 12-3 所示，因为单纯的列表总显得不够正式，而看板模式又不适合用时间维度来筛选、查看。相比之下，卡片显得更简单、更清晰。

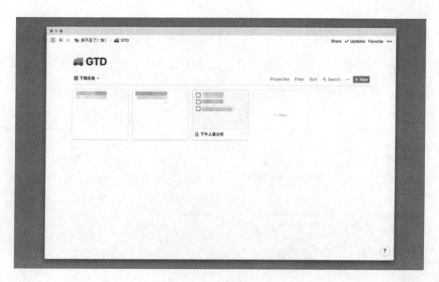

图 12-3　下周任务卡片

12.1.3　当日任务列表

我用列表来显示当日的任务，如图 12-4 所示。因为不希望每天对着一个个看板发愁，所以只是简单列举出当日任务，没有设置得太复杂。

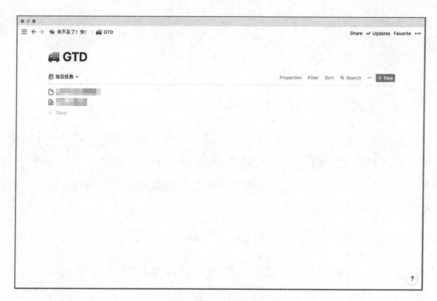

图 12-4　当日任务列表

12.1.4　及时看板

当要查看多个任务的进程时看板模式是必不可少的，用它管理项目和进度更方便、更直观，如图 12-5 所示。

图 12-5　及时看板

12.2　我的任务管理技巧和心得

其实在使用工具管理自己的任务时，如果只是会根据模板或使用筛选工具来简化自己的任务视图还不算真的学会了任务管理，要将软件与实践相结合，不断优化自己的任务管理方法论，这样才能真的有所收获。我们的最终目的是**对自己的执行能力和时间把控能力有一种良好的感知**。

我在实践的过程中也遇到了一些问题，具体解决方案如下。

12.2.1　时间或能力不足，分配的任务可执行性差

造成这个问题的原因通常是我们高估了自己的能力或拥有的时间，最终结果是任务执行起来很艰难，延期成了家常便饭。一般来说，延期就意味着 GTD 的执行出现了问题。

我的解决办法如下。

- 不随意分配任务，尽量先分配少和精的任务。
- 对能快速分解的任务先处理后分发，只追踪和把控任务的执行。
- 应对比较复杂的任务时做需求分解，如 A 任务可以分解成 A1、A2、A3，那就分别建立任务，每日完成一部分，养成分解和完成大规模任务的能力。

12.2.2 个别任务的时间跨度长，容易被忽略

先前我的看板总共包含四项：收集箱、处理中、处理完毕、知识归档。知识归档是我在思考的时候额外加的一列，因为不做整理和归档的任务都是沉淀不了知识的，所以将这一列独立了出来。

在实践过程中，我发现把收集箱中的任务直接转移到"处理中"环节这个流程太理想化了。因为一个任务从被分配到被执行的场景可能大致如下。

1. 领导临时指派一个任务。

2. 你立马将任务加入收集箱。

3. 任务还在沟通阶段，但是你不得不开始做前期准备。

4. 你迫不及待地开始处理任务，将任务转移到了"处理中"环节。

5. 结果半个月过去了，商务人员告诉你现在可以开始对接了。

如果你还能找到这个任务，我想它也已经"沉"在了"处理中"环节的底部。如果找不到了，那肯定是在这半个月中的某一天你看不下去、提前关闭了。如果归档完毕了，你还得在"处理中"和"知识归档"环节里反复寻找，找到以后重新激活、处理。

对于这个常见问题，我的处理方式是多加一个"预处理"环节。对于上面列举的场景，可以直接将任务放在"预处理"环节中做好前期准备工作。如果后期项目变大，就把它直接当成项目来管理，如果还是小任务，就直接转到"处理中"环节实施。这样，后期无论是交给他人处理还是自己继续处理，会发现任务都还只停留在预处理阶段，处理起来更加游刃有余，而你要聚焦的永远只是处理中的任务。

需要特别注意的是：要尽量减少长时间的任务，建议把任务都分解成三天以内可以完成的任务，以方便把控。

12.3　小结

以上都是我在实践过程中产生的心得。除了前面的内容，我后期也对看板模式做了一些改进，如取消了下周任务和当日任务视图，因为我发现自己关注它们的频率很低。但是，这不意味着下周任务和当日任务视图不适合别人，所以本文还是将我的全面思考呈现了出来。

原标题：《试过不少工具后，我用 Notion 进行更灵活的任务管理》

作者：Voyager_1

第五篇

高效写作：
让你的文字快速穿透人心

第 13 章
新手写作心得

作为一名按部就班的学生，我从高中开始就受到文科应试教育的训练，大学读的依旧是一个需要写的专业，也算是与写作结下了不解的缘分。

2019 年我写了不少内容，主要包括各个学科的课程论文、发表在个人公众号中的文章（偏感性）、发表在少数派的教程、发表在知乎的回答与专栏文章、在什么值得买等平台分享的经验（偏理性）及在两份实习工作中完成的文字工作。

我在反复的实践中琢磨出一些心得，形成了一套写作流程，希望与大家分享，对大家有所帮助。

本文内容较多，大家可参照思维导图选择性阅读，思维导图如图 13-1 所示。

13.1　开始写作前必须解决的事

在开始动笔前，需要先重新认识一下"写作这件事"。

13.1.1　告别应试教育时期的写作

很多人"谈写色变"，对写作存在诸多误解乃至生理性恐惧，这很可能是对写作的认识还停留在上学阶段。

应试教育时期的写作有什么特点呢？限制多，严格规定字数、时间、话题……令人苦恼。但本文所讨论的写作是区别于应试教育时期写作文的广义的写作，从确定选题到成文，虽然限制在所难免，但都有相当程度的自由，具体体现在以下几点。

- 写作时间往往较为充裕，如果你有提前准备的习惯，可以把"战线"拉得很长。

- 可以自由查看丰富的参考资料，为己所用。
- 内容不再是随着交卷而不可更改，更多的时候有修改的机会。
- 内容不再是被批卷老师"一锤定音"，而是受网友的评价。

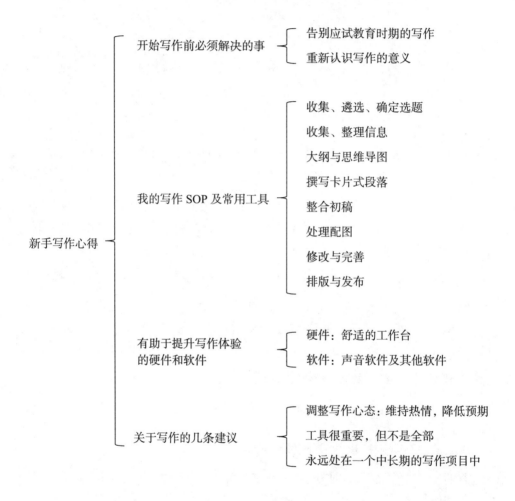

图 13-1　思维导图

13.1.2　重新认识写作的意义

除了误解导致的畏难情绪，另一个拦路虎是对写作的意义存在错误认知——只有作家才拥有写作天赋，只有靠写作谋生的撰稿人才需要打磨写作技能，只有想成为文人才需要开始写作……

其实，写作和沟通一样是一项基础技能，而非高门槛的专业技能。小到写一封请假邮件，大到完成一篇毕业论文，都离不开这一技能。

那么，抛开这些真实的应用场景，写作的意义还有什么呢？

首先，当大众习惯了碎片化阅读、"发表情包式"的聊天和"朋友圈式"的表达，写作这项技能正变得越来越退化乃至稀缺。在社交媒体时代，我们不可能和每个人都有面对面交流的机会，更多的是在线上通过文字交流，写作能力强的人自然能获得更大的影响力。

其次，写作有利于帮助我们避免浅显的认识。为了将一件事情写清楚，我们往往会对这件事进行深究。在使用搜索引擎几秒钟就能得到答案的时代，思考和提问实在是难得的品质。即使最终的结论并不十分准确，但这份探索精神与真诚足以超越许多普通人。

最后，写作是倒逼精进的有效方法。每位作者都或多或少地面临过"无话可写"的难题，不断向外输出内容会导致存量知识很快枯竭，但一颗想要输出的心会倒逼我们尽可能多、尽可能快地学习，不断输入新知识，或者在已有信息的基础上产出自己的思考，由此形成一个增强回路——不断产出，从外界获得反馈，调整个人认知。

13.2 我的写作 SOP 及常用工具

确定我的写作 SOP（Standard Operation Procedure，标准作业程序）是一个具备普适性和一般性、尽可能全面的写作流程，大致分为如下几部分。

13.2.1 收集、遴选、确定选题

确定选题是自发写作（区别于被动接受的写作，如撰写命题作文、工作总结等）的第一步，它决定了内容的走向。确定选题的数量很容易走向两个极端：选题过多，无从下手；选题匮乏，无从下笔。它们都会导致没有产出。对此，可以采用以下方法解决。

1. 找选题

艺术源于生活，只要你生活足够有趣且勤于思考，选题永远不会缺乏，毕竟创作是生活的缩影，缩影都没了，生活得"缩水"成什么样子？如果一段时间没有选题，你不用着急，可以反思一下自己最近是不是过得不够好，如果是，不如放下选题，把

生活过好，届时选题自然会如约而至。

场景触动是另一大选题来源，如要毕业了很迷茫，快过年了却不想回家……场景不需要总是很宏大，有时如果能记录自己在公交车上的胡思乱想，也能成为选题或素材。像微博中的严锋老师，发微博的灵感经常就产生在刷牙的时候，如图 13-2 所示。

图 13-2　发微博的灵感

选题的第三个来源是模仿或参考，有时候选题就在身边，只是我们没能敏锐地捕捉到，这时通过看相关文章，甚至只是看一个标题也许就能帮我们抓住重点，产生选题。一些聚合类 App/RSS 订阅都可以成为选题的来源，如今日热榜等，如图 13-3 所示。但需要注意的是要保持原创，划清参考与抄袭的界限。

图 13-3　今日热榜

2．管理选题

如果不是写作爱好者，写作只是偶尔的需求，那么管理选题的难度不大，普通的 GTD 工具就足以胜任。但是，一旦选题超过一定的数量，这种方式的管理效率就会大打折扣。2019 年我成为少数派签约作者后被邀请进入了少数派管理选题的 Trello（现已改为 Notion），如图 13-4 所示，这种看板式的管理思维给了我很大的启发。

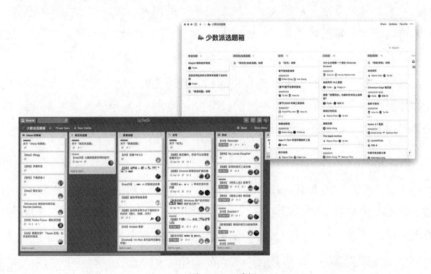

图 13-4　看板

看板就是给每个写作阶段一条"泳道"，这样处于特定阶段的写作项目就会自然而然地被划分到该看板。比如，常见的写作看板有"选题""正在写""已发布"等几个阶段，还可以按照重要性、截止日期、紧急程度、发布平台等给协作项目打上标签。如此，一个逻辑清晰的选题库就搭建完成了。

可用于制作看板的软件除了 Trello、Notion，还有 Teambition、滴答清单等。

13.2.2　收集、整理信息

有了选题库，是不是就该想着怎么写作了呢？并不是，毕竟巧妇难为无米之炊，如果希望坐在屏幕前凭空写出一篇妙文，恐怕一天下来也未必能敲出几个让自己满意的字。

这时，应该尽可能充分地利用零碎时间收集与选题相关的信息，为后面的正式写作积累素材。这段素材准备期越长，理论上后面的写作就会越顺利。我在大学写论文时有一个习惯，如果某门课程的期末作业是课程论文或读书笔记，我会在主题公布的第一时间开始准备，虽然损失了部分娱乐时间，但这份牺牲会换来后面的相对顺利，更重要的是，不至于在截止日期前赶工交上一份粗糙的作品。

1．信息的来源

内在思考：这是一篇文章最主要的信息来源，也是原创的保证。但在选题压力下短时间内生产大量原创信息也不现实，这需要平时的积累。我个人非常推崇通过记电子日记的形式记录日常的思考，这种方式非常便于记录，"即开即写"，同时也便于复盘和搜索。即使无法在写作时派上用场，这些日记也能成为珍贵的回忆。

外部参考文献：个人的思考难免有疏漏和不全面之处，因此需要外部参考文献进行补充和修正。除了老生常谈的使用搜索引擎搜索相关内容，也要善于使用其他平台，如国内依然少有对手的知乎、被低估但有着丰富"宝藏"的 B 站。

2．信息的保存

如果内容较少，一般我会选择"趁热打铁"，比如看到一条金句时将其打上相应的标签，直接放置在对应的选题之下，以备不时之需。如果内容较多，或者身处地铁等不方便操作的地方，那么可以践行"稍后读"思想，先归档到印象笔记中。

之所以选择印象笔记，主要是看中了它的易用性和全面性，它几乎在各种应用中都被集成。在微博绑定相关账号后只需在评论中"@我的印象笔记"就可以将评论内容导入印象笔记，也可以将写作的内容转发到印象笔记的服务号，还可以在浏览器中借助插件剪藏想要的内容……我可以放心且迅速地把信息从头脑中暂时清空，交给印象笔记，如图 13-5 所示。

图 13-5　使用印象笔记剪藏网页

当然，如果你有其他的使用习惯，印象笔记大多也可以胜任，比如我曾在一段时间里使用它从微信中收集信息，如图 13-6 所示。

图 13-6　使用印象笔记从微信中收集信息

当你觉得围绕一个主题的素材已经足够支撑起一篇文章时，就可以开启下一步了。

13.2.3　大纲与思维导图

写文章除了需要基础的素材，还需要自顶向下的规划，也就是大纲或思维导图。大纲与思维导图的功能相似，都是为文章提纲挈领，大纲胜在撰写方便，思维导图胜在一目了然。

一个好的大纲工具应该具备如下属性。

- 提供备注功能，可以将详细的内容记录到备注中。
- 具备承载所有主流信息类型的能力，包括但不限于图片、文档、录音等。
- 具有丰富灵活的导出机制，至少可以导出为 PDF、图片、OPML 等格式。

主流的大纲工具有 OmniOutliner、WorkFlowy 及国产的幕布等，你甚至可以手绘大纲。

大纲确定之后，如果可以的话最好将大纲转成思维导图，以便把思考的结果更形象地呈现出来。如幕布可以直接导出 OPML 格式文件，使用 XMind 等思维导图工具打开相关文件即可得到大纲的思维导图，并不需要额外花费时间编辑。完成以后可以在思维导图中方便地拖动各部分，调整不同组块的顺序，直到逻辑自洽。

在使用思维导图的过程中，我越来越发现思维导图适合的使用场景不仅包括整理信息，还包括打开思路、激发创意。许多信息点都是我在梳理了大纲后添加的。我想这也是破案类电影中的警察总是把所有线索都贴在墙上的原因吧。

关于大纲和思维导图也有一些基本准则，其中我认为最重要的是"简单"：语言上尽可能从简，过多的内容除了在无形中增加工作量，还容易让人陷入整理的"泥潭"，迟迟不肯开始，并给予一种虚假的"我已经开始了"的满足感，影响后续写作。

想要特别提醒的是：这种方法的写作成本比较高，如果内容的结构比较简单，这一环节可以省略或与打草稿一并完成。

13.2.4　撰写卡片式段落

连贯的写作可以使作品浑然一体、逻辑严密，因此，如果能一气呵成当然再好不过，但现实是我们很难有大段的时间和足够的耐心去完成这样连贯的写作。对此，玉树芝兰老师的建议很具有参考性：应该将写作"切分"成有效的相对独立的单位——卡片。一张卡片只描述大纲中的一个最小单位，在未来它将成为一个独立的段落或小节。

能编辑卡片的工具有很多，我的选择是 Drafts，如图 13-7 所示。这款工具的优点在于轻量——能快速启动，打开即写，快速记录功能也十分好用。

图 13-7　Drafts

整理卡片式段落有以下值得注意的地方。

写作是一种可以时刻发生的行为。早起洗漱时的妙手偶得，睡前的突发奇想，看完电影的观后感……甚至发一条微博、一条朋友圈动态都可以为写作所用。不要想着"憋大招"、一口气把东西写完，而要在工作、生活中随时随地写作，就像 Louiscard 在《高效信息管理术》里说的：要重新定义写作的最小单位。

不要局限于打字这一种形式。关于写作的一个误解就是只有用电脑打字才算是写作，其实在今天的信息社会中，写作的方法早就不止一种，如准确率已经很高的语音输入及不依赖电子设备的手写都是写作。总之，不要让"用电脑打字才叫写作"这一刻板印象限制了写作。

要注意撰写卡片式段落与收集信息的区别。在梳理本文的思路时，我曾尝试刻意对二者进行区分，但很遗憾，最终我也没能弄清楚其中本质的区别。如果非要说区别，也许是收集的信息更零散，而卡片式段落聚焦于特定的主题。事实上，在日常写作中这两者是"孪生兄弟"——收集信息的过程也是践行卡片式写作的过程。

13.2.5　整合初稿

有了卡片就有了"预制件"，有了大纲或思维导图就有了整体设计方案。在卡片积累到一定数量后就可以开始撰写初稿了。将零散的卡片按照思维导图串联起来听起来似乎没什么挑战，但是依然需要投入很多的专注和耐心。

可以直接将思维导图导出成 Markdown 格式的文件，再用支持 Markdown 格式的编辑器打开，这样就得到了一个自动生成的目录。这时，再把 Drafts 里的卡片逐个转移就得到了初稿，如图 13-8 所示。

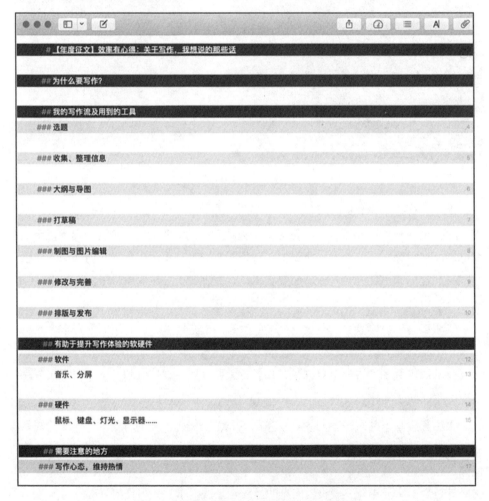

图 13-8　导出 Markdown 格式的文件到编辑器

也可以直接在 Drafts 中将卡片按顺序合并，导出最终的文章，如图 13-9 所示。

图 13-9　合并、导出文章

当到了这一步时，你会发现前面所做的——无论是收集信息还是整理卡片式段落——都是重要的铺垫，而不是白费力气。

关于撰写初稿，我有以下建议。

预留出整段的时间（如完整的半天）。这样有利于保证写作的连贯性和风格的统一性，不至于让最终的作品看起来像是拼凑出来的。

摒弃边写边改的陋习，刻意避免回头看。在撰写初稿时最忌讳的事情就是去编辑，应该想到哪里就写到哪里，并且绝不回头调整格式，甚至不修改错别字。事实上，不要期待一边写一边改对你有什么价值，它除了打断思路及让人产生怀疑情绪没有任何帮助。美国某著名编辑把边写边改的过程描述为"试图在吃饭的时候收拾桌子"，所以把写作和修改分开吧。

如果遇到不确定的内容，先搁置。在写作过程中如果遇到"卡壳"的地方（如需要插入图片或考证一条资料的数据是否正确），不建议大家立刻去搜索，而是建议大家先用【】打上标记，并简明扼要地标记出需要补充的内容，最后再统一补充。只有这样才能够一气呵成，把要表达的东西先"堆起来"。这个阶段的座右铭该是"完成比完美更重要"。

在编辑器的选择上，我的选择是 Ulysses。除了因为我是它的订阅用户，更因为这款 App 确实有其过人之处。

首先，作为一款支持 Markdown 格式的编辑器，Ulysses 一旦上手便能有效提高输入效率，因为它的各种快捷键能让人专注于写作本身。我身边的很多人在用 Word 写作时经常抱怨 Windows 的死机、系统自动更新等导致没来得及保存写作内容，而使用 Ulysses 则完全没有这个问题。

其次，Ulysses "颜值"很高，很好地平衡了简洁和美感。用户可以时常更换一些广受好评的新主题，在写作的时候享受设计的美感。

再次，Ulysses 支持几乎全部的主流格式，并且可以"一键"复制、预览、打包等。具体到某个格式时，还有多种模板可供选择。在导出功能上，在我用过的 Markdown 编辑器中还没有可以超越 Ulysses 的，如图 13-10 所示。

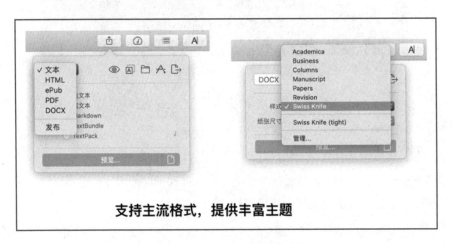

图 13-10　Ulysses 支持的格式

最后，Ulysses 对一些细节的处理也很到位。Ulysses 会帮用户把图片缩小到合适的大小，并显示标题，同时又不影响观感。Ulysses 也允许用户在附件栏中添加图片和注释等写作素材，我习惯将参考资料和思维导图放在其中，因为查阅起来十分方便，如图 13-11 所示。

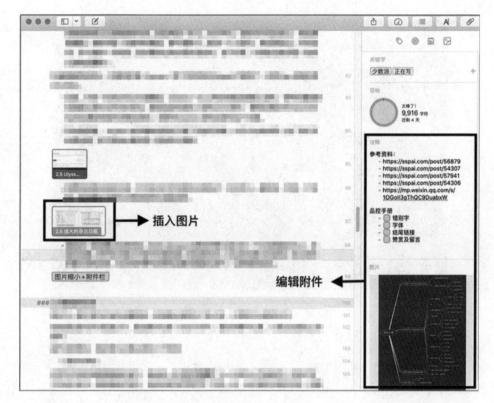

图 13-11　Ulysses 的附件栏

13.2.6　处理配图

配图在一篇文章中的地位毋庸置疑，但也着实令人畏惧，尤其是有大量图片时。

我的建议是将写作与配图分开，先将配图统一保存在文件夹中，再集中处理，以免造成流程上的脱节。基于这种理念，我建议将图片处理流程主要分为以下步骤。

1．给图片命名

对写作中明确需要配图的地方先统一用"x.x+标题"（x.x 为图片所在小节的编码）的格式命名，等编辑完图片以后把图片也修改成同样的名字。这样一来，当在配图文件夹中按照名称排列图片时就能够快速找到各小节对应的图片，如图 13-12 所示。

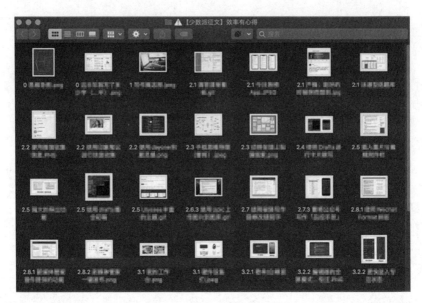

图 13-12　命名图片的案例

2．编辑图片

如果是对图片进行简单的标注，系统自带的图片浏览工具就足够了。如果习惯在印象笔记中完成所有工作，推荐使用印象笔记官方出品的印象圈点，它允许用户直接将图片保存到印象笔记中，如图 13-13 所示。

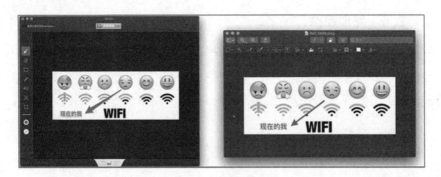

图 13-13　印象圈点

另一种高频配图需求是拼图。在很长一段时间里，我都是将图片通过 AirDrop 传到手机中，然后使用手机上的 Picsew 进行拼图，最后将成品图片通过 AirDrop 传到电脑中。Picsew 提供了很高的自由度，用户可以设置边距、间距等，其缺点是操作步骤较为烦琐，在设备间切换也会让完整的写作流程产生割裂感。

最后，我找到一个电脑端的替代方法——使用预览功能实现拼图效果。用预览功能合并多张图片时不需要在设备间切换，并且可以做出高度自定义的拼图效果。

3．上传图片

如果写作的目的是发布于网络，那么要想让用户顺利看到文中的图片，就需要把对应的图片也存储在网络的图床里面。微信有自己的图床，其优点是保存在其中的数据很安全，几乎不用担心数据丢失的问题，缺点是操作步骤很烦琐。

不过，也可以将图片上传到其他图床上，如一些作者会选择自己搭建图床，在这方面我是个外行，因此还是依赖于一些图床工具，如 uPic，其支持从剪切板、文件、链接中上传图片，生成链接后粘贴到文章中。

13.2.7　修改与完善

很多人以为写完草稿就万事大吉了，但实际上按照这套流程操作，草稿的完成度是很低的，甚至不足以被称为"成文"，我们需要对它进行修改与完善。

"好文章都是改出来的"，但改到什么程度才算完成呢？如果预览文章时连自己都看不下去，那就证明还有继续修改的余地。只要截止日期还没到，你就可以一直修改到最后一刻。

需要修改的内容主要有以下三个方面。

1．错别字、语病等

我想绝大多数人都有检查自己写的文章的经历，但自己阅读自己的文章时，除非拿出与写作同等的精力，否则很难检查出来问题。这时，一些工具也许能帮助我们。Word、Pages 都有检查功能，但想必大家都体验过小波浪线经常无法标记出真正需要修改的地方。

之前在少数派网站上看到的一款名叫"秘塔写作猫"的中文语法检查工具，我觉得功能非常强大。只需将文本粘贴进去或将文件上传，系统就会自动检查错误，除了能发现基本的字词错误、标点误用，甚至还能找出语法问题。分析完成后只需要定位到需要替换的部分，单击建议就可以"一键"替换，如图 13-14 所示，非常好用。除了检查错误，"秘塔写作猫"还提供文本情感分析、句子长度分析等高级功能。对于个人而言是一款非常实用的文本检查工具。写完稿子先放上去检查一遍，很多低级错误就不用再手动查找、修改了。

图 13-14　使用"秘塔写作猫"修改错别字

如果是用英文写的内容，则可以使用 Grammarly 等服务。

当然，我建议在有条件的情况下还是找几位读者朋友，有劳他们人工检查，毕竟最终作品的读者还是人，而非机器。

2．统一写作风格与逻辑

在零散的写作过程中，难免有的地方简单，有的地方详细，有些直接复制、粘贴的内容在语法上也许并没有什么问题，但风格迥异，这就需要进行风格的统一。我习惯采用的方法是通读一遍，细化所有读起来感觉不舒服的地方。

逻辑错误是另一个重要的纠错方向，很多时候逻辑比文采更重要，如今网络上的很多文章读起来很美，但其实连基本的逻辑自洽都没有做到。

3．根据"品控手册"自查

修改有很多标准可以参考，近年来很流行的"品控手册"就是一个不错的工具。我对品控手册的理解是"它是自我检查的模板"，在网络中可以找到很多品控手册，里面总结了一些常见的错误和疏漏，只需根据个人实际加以补充，在修改文章时依照品控手册逐一调整即可。

以公众号写作为例，曹将有一版《品控手册》（如图 13-15 所示），在修改时对照观看能减少不必要的错误。

图 13-15　品控手册

13.2.8　排版与发布

排版是信息输出非常重要的部分，好的排版可以让读者的阅读成本变低，让文章的阅读体验更佳。我的作品主要发布在以下平台中。

1. 微信公众号

虽然微信公众号的红利期已经逐渐过去，但它依然是当前下非常值得推荐的一个平台。

微信官方的编辑器的功能很少且不好用，造成了大量第三方编辑器大行其道，给微信排版增添了很多困难。其实如果不追求花里胡哨的版式，在微信后台排版的成本可以很低，如可以直接导出富文本文件后在微信后台中粘贴。

如果希望在排版上有更多自定义的空间，则可以借助一些服务，如 WeChat Format 可以很方便地将 Markdown 格式的内容渲染成适合微信后台的富文本格式，如图 13-16 所示，对于"小白"来说非常实用。

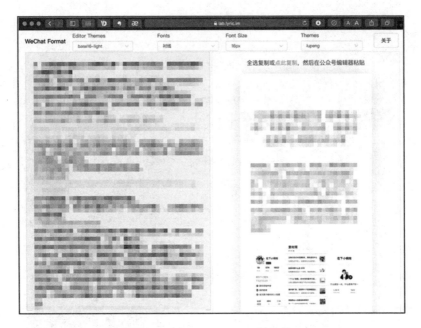

图 13-16　WeChat Format 的效果

　　类似的服务还有可能吧排版、Paste to Markdown、MD2ALL 等。

　　如果想在排版上多花点功夫的话，除了秀米、135 等第三方编辑器，不妨试试"新媒体管家"这款插件，它能够实现一些复杂的功能，并且由于是内嵌的网页插件，使用起来不会有太强的割裂感，如图 13-17 所示。

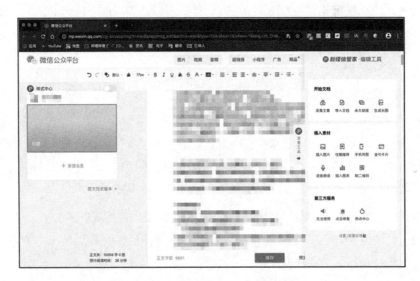

图 13-17　"新媒体管家"插件的界面

2．发布到微信之外的平台（知乎、今日头条、微博等）

如果除了发布到微信公众号还需要发布到知乎、今日头条等其他平台。通常可以先导出富文本文件后复制、粘贴在平台发布文章的区域，系统一般都会自动处理。但是对图片等非文字资源，因为各平台存在自己的图床系统，所以粘贴不一定会起作用，可能还需要再手工处理。如果想要更方便地发布，可以使用新媒体管家插件的全网发布功能，如图 13-18 所示。

图 13-18　新媒体管家插件的全网发布功能

3．整理成文档、导出电子书、打印

如果想让作品长期保存，可以试着导出 EPUB 格式的电子书或存储为 PDF 格式的文件。

无论发布在哪里，请一定记得在发布前预览，在发布后备份。另外，如果可能，请将全部输出的内容发布出去，因为这会让你获得成就感，对写作会有激励作用。

13.3 有助于提升写作体验的硬件和软件

13.3.1 硬件: 舒适的工作台

舒适的工作台是写作时最重要的硬件,我喜欢在夜间打开台灯写作,这时如果能接上显示器就更完美了。

降噪耳机对我很重要,因为它能有效地将舍友玩游戏的声音、窗外车流声等噪声隔绝在外。

合适的外接键盘也是很好的"加分项"。在键盘的选择上,我先后尝试了红轴和青轴的机械键盘,但感受不到手感上的差异,且噪声都比较大,对于住在集体宿舍的人来说不是特别友好。所以,最终我选择了宁芝的静电容键盘,它使用起来很舒适,美中不足的是蓝牙连接不够稳定,经常会出现延迟,因此需要使用数据线进行连接。平价的罗技 K380/K480 手感很不错,噪声也不大,是很不错的选择。

我对写字台的最基本要求是整洁和温馨,因为这样能避免精力被分散到写作以外的事情上。

13.3.2 软件: 声音软件及其他软件

1. 声音软件

前面提到了使用降噪耳机隔绝噪声,但我由于身体原因,如果单纯佩戴降噪耳机的话会出现耳鸣等不适现象,因此会播放一些声音。网易云音乐有许多适合学习时听的纯音乐,非常值得尝试,如果觉得这种音乐容易使人分心,也可以尝试听白噪声,各大番茄钟类应用都提供播放白噪声功能,潮汐等专门的 App 也提供了播放白噪声的功能。

2. 帮人"一键"进入工作状态的其他软件

每个人在写作上都有一套自己的习惯,在界面布局上亦是如此,比如写作时习惯将系统设置成暗黑模式,在屏幕左侧放置编辑器,在屏幕右侧放置草稿箱,在系统后台运行音乐播放器并打开图床上传系统等。

如果你不希望每次都重复操作,可以通过 Keyboard Maestro 软件提前设置,在需要时"一键"进入工作状态。

除了 Keyboard Maestro、Magnet 软件让用户可以"一键"对齐窗口, One Switch

Microsoft 365
工具升值包

在销售优秀软件的基础上，少数派创新性地推出了"工具升值包"模式，用户不仅可以用优惠的价格订阅软件，还可以获得配套的教程。为了感谢本书读者的支持，我们特别准备了"购买Office 365立减30元"优惠券，各位读者扫描下方二维码即可领取。

扫描二维码
即可领取

数量有限，先到先得

正版软件商城

SSPAI.COM

少数派不仅提供优质内容，还精选优质的效率软件，聚合成了正版软件线上商城，以方便用户购买、学习和使用。为了感谢本书读者的支持，我们特别准备了针对线上商城的"满50元减10元"优惠券，各位读者扫描下方二维码即可领取。

扫描二维码
即可领取

数量有限，先到先得

软件提供了更改设置（暗黑模式、勿扰模式等）的快捷操作（如图 13-19 所示）。这类软件可以在细微处提升用户的使用体验，使人更快地进入专注状态。

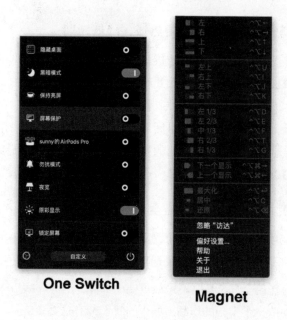

图 13-19　One Switch

另外，大部分编辑器都有专注模式，如图 13-20 所示。

图 13-20　专注模式

13.4　关于写作的几条建议

聊完了写作流程和工具，最后想分享一些理论。

13.4.1　调整写作心态：维持热情，降低预期

写作的内容难免会遇到被人嘲讽或成就感不足的情况。比如我在本文完稿时，微信公众号的粉丝增长遇到瓶颈，这让我几度萌生了想要放弃的想法。但是，每当看到我的文章被转发、被粉丝期待时，一种成就感又油然而生，进而刺激我坚持写作，实现综合能力的提升，这些收益更多的是无形和长期的。如果想要放弃时，不妨反问自己：是不是对写作这件事能带来的东西的预期太高了？如果不能有效增加收获，降低预期是一个不错的维持热情的方法。

13.4.2　工具很重要，但不是全部

工欲善其事，必先利其器，工具的重要性不言而喻，不同工具在写作中所起的作用也完全不同，如手机更适用于记录灵感与收集信息，电脑则更适用于写正文。

但工具不是写作的全部，甚至不是最重要的部分，因为那些历史上有名的作家大多是只靠纸和笔创造出了不朽的作品。如今的我们拥有这么多工具，应当自强，不能将没有合适的工具作为自己停滞不前的理由。我身边有不少人一直使用 Word 写作，最终作品的质量也不差。

是否使用工具、使用何种工具都是个人的选择，没有高下之分，根据需要选择合适的即可，要记住"切莫被工具绑架"。

13.4.3　永远处在一个中长期的写作项目中

虽然选题并不难得，但我们并不总是有选题可写，在一段时间内停止写作或减少写作不仅让人"手生"，也会让人变懒。

因此，我建议制订一个长期的目标，而不是一两周就可以完成的目标，这样一来，就可以在较长的时间段内围绕着一个主题有意识地持续输出。比如我自己就设置了每个月例行的"月度总结"和正在做的 Notion 项目，它们像是一块巨大的"磁铁"，每天都把有价值的信息和我的注意力吸引过去。

推进长期写作项目有一个小技巧——置顶，将该项目在编辑器中置顶对于激发写作的积极性很有帮助。

13.5 小结

以上内容就是我对自己 2019 年、2020 年的写作实践的总结。在完善写作 SOP 的过程中，曹将的公众号与 Louiscard 的《高效信息管理术》使我受益良多。最好的锻炼写作能力的方法永远都是马上拿起笔来写。希望这篇文章可以帮助你提高写作的效率，提升写作获得的正反馈，从写作中找到意义。

原标题：《写作新人初长成，我有这些心得想与你分享》

作者：Sunny Chen

第 14 章
实践卡片式写作

14.1　疑问

自从写了《你一写长文章就焦虑、拖延？》之后，很多读者都对卡片式写作的技法产生了浓厚的兴趣。

不过，也不是所有人都能将卡片式写作运用得炉火纯青。如有位读者就在留言区问我：老师，我比较困惑的地方是卡片的使用方法，至今还没能体会到写作时拼接的乐趣。

我觉得有必要详细讲讲这种方法。

为什么卡片式写作会让人觉得有道理、有用处？原因和编程时都喜欢使用高级语言一样，因为有一堆预先定义好的模块（函数）可以使用。否则，如果连在屏幕上输出一个字符都得进行底层操作，就太烦琐了，肯定让人不愉快。

写作也是一样的道理。如果面对一个 3 万字的写作目标，手头却只有一个新建的空白文档，需要一个字一个字地写起来，那么肯定会感到压力巨大，非常痛苦。但是，如果此时手头已经有了一堆卡片式段落，将这些卡片式段落"拼"在一起就可以勾勒出整篇文章的初稿，难度肯定就不一样了。因为这篇文章基本上可以被当作"生长"出来的，而非"生产"出来的。

可以尝试把这些卡片式段落用各种方式排列、组合，"搭"出一个最为精彩的故事。当然，单是拼接卡片式段落的内容并不足以讲述完整的故事，你还需要梳理逻辑，用语言在卡片式段落间"穿针引线"，让故事变得完整而精彩。

有了卡片式段落以后，写作的时候不但没有压力，还会有一种探索和创造的乐趣。

在排布和组合卡片的时候兴许还会在头脑中涌现出金句和奇思妙想，感觉非常美妙。

但是，实际上很多人都错误地使用了卡片式写作方法，不仅没有享受到乐趣，还把自己逼进了一个更为糟糕的境地。问题可能出现在以下几个方面，下面我们开始逐一分析。

14.2 方向

使用卡片式写作的一种最常见的错误是自顶向下地使用卡片，具体来说就是开启某个项目的时候先整理大纲，即首先通过头脑风暴和思维导图完成大纲，然后规划每个章节的具体写作目标，如分成几个小点、大概字数是多少等，接着对每个小点分别建立一张卡片，最后填写内容。每次只需要完成一个很小的点，因此注意力容易集中，认知负担也不大。等到完成了每个小点、写好了卡片，再把它们组合在一起，就写完了一篇文章。

看着好像很不错，但这不是卡片式写作，而是依靠专注模式的大纲式写作。写作者在这个过程中时刻都有压力，需要确保注意力一直都是聚焦的，这是典型的"高耗能"模式，大多数人的头脑对这种模式都是最恐惧、最反感的。

当头脑恐惧、反感一项任务的时候会出现什么状况？痛苦却保质保量地完成它？我相信这是很难的，只有少数人才能做到。对于大多数普通人来说，恐惧、反感带来的是折磨、痛苦，其导致的直接后果是拖延。不要对拖延过于痛恨，我们应该明白它实际上是一种刻在基因里的、给你带来保护的措施。

用结构化的方法从上到下逐步细化写作的内容，在顺利的时候还好，一旦不顺利，情况就会变得很糟糕，让人进入文思枯竭的状态。对此，有人可能会想到"跳跃"，这里走不通就先绕过去，将来再回到这里搞定它。可是最开始已经完成了大纲，确定了路线、流程，"跳跃"缺乏足够的弹性。

这就像经典的要把大象装进冰箱需要三步（①打开冰箱门；②把大象装进去；③关上冰箱门），听起来很有道理，但是实际上无法执行。

因为你的头脑能快速分清任务的难易程度，毫不犹豫地把容易做到的①和③搞定，宣布项目已经顺利完成了 2/3，面对剩下的②却无能为力。

一开始就进行总体规划看起来效率极高，能避免节外生枝。但这种无弹性可能导致自己"被逼到墙角"，甚至不得不经常丢弃部分工作成果，推倒重来。如果你写毕业论文时与导师缺乏足够的沟通，应该或多或少体验过上面的情形。

为什么自顶向下的卡片式写作不好用呢？

史蒂芬·平克曾经介绍过：写作之难在于把思考从树状的语法结构转换成线性的字符串。写作的关键不在于最后形成的那些线性文字，而在于背后的那张"思考之网"。自顶向下写作就如同给这张网事先定义了连接，却没有定义节点。环顾自然界，没有一张网是这样构造起来的。做了这么不自然的事之后，能做的只剩被动地填充这些节点了。

采铜老师曾在一则笔记里讲述了认知隧道（Cognitive Tunnel）的概念：当全部的注意力都聚焦在当下那件紧急的事情上时，认知就会变得特别狭窄和受限，此时很容易看不到整体，进而忽略全局的信息。我觉得用这个概念描述自顶向下的卡片式写作颇为贴切。它带来的远不止是一种痛苦的过程，更严重的是会抑制人的创造力，让人无法创造出真正高质量的作品。因为被框定在一个很窄的活动空间里，所以写出来的东西很容易干瘪、缺乏想象力，很难让人有"眼前一亮"的感觉。

反之，如果你已经有了现成的卡片式段落作为节点，写文章就只是通过"穿针引线"把它们"织"起来，在需要完善这张"网"的时候可以利用节点间的连接，轻松做到"牵一发而动全身"。

所以，写文章应该是自底向上的，先准备好卡片，再开始写作。这里要注意：卡片式段落绝不能是摘录的资料或别人的语言，因为那样体现不出你的工作的价值，应该努力使卡片式段落来自自己的笔记或思考。

14.3 卡片

相信记笔记对大多数人来说肯定不是什么新鲜事了。但是需要注意：记笔记也是有误区的。最常见的误区有两个：零散记录；不分场合与环境完整记录。

零散记录很容易理解，举个例子大家就能明白。假如你在书的空白处记下一句话：这道题已经被证明出来了，但是地方不够，就不写详细过程了。相信多年以后别人看到这段内容一定会一头雾水，因为没有证明的过程。遗漏的笔记可能没有这么重要，但是仔细想想，我们有多少散落在笔记本、白纸、电子书和 Word 文档里面的笔记恐怕永远也找不到了？即便找到，是不是也不知道当时说的究竟是什么了？因为时间的流逝让我们忘了那寥寥几笔的含义，如果字迹潦草的话，连写的是什么可能都想不起来了。所以，需要记住：没有认真记下来的笔记都不能算数。

不分场合与环境完整记录是另一个极端。总有人告诉你应该想办法把所有有价值的信息全部记录下来。于是，我们会看见：在国际会议的现场，很多人抱着笔记本电脑坐在台下，试图记录演讲者的全部内容，除了敲击键盘、录音，还不时拿起手机拍照，要不是不允许，估计就直接录像了。这些人看起来是高效能人士，但我们应该记得人的能力是有限的，这么做真能把需要记录的关键点全都记录下来吗？我个人的经验是：敲了几下键盘后就发现漏掉了好几句话，即便对演讲内容进行录音，效果也远不如现场的交流与沟通。

至此，可能有读者会疑惑：零散记录没价值，完整记录也不好，到底该如何操作？我的建议是记两遍。

第一遍记录是指不管你是在听讲座还是在读书，抑或是跟人家闲聊，遇到有启发的事物都应该立即记录，使用的记录介质无所谓，手机或餐巾纸都可以，这一步的关键在于可以帮你在几个小时之内进行第二遍记录。

进行第二遍记录时一定要用自己的语言，以给别人讲解的方式把获得的见解用凝练、准确的语言记录下来。第二遍记录有以下几个要点。

- 用自己的语言。因为将来很可能要把记录的内容放在文章、报告或书里面，所以应该确保基础单元是使用自己的语言描述的，否则将来会有被认定为抄袭、剽窃的危险。虽然将来也会进行修改、润色和调整，但是在初期就规避掉风险是最安全的。
- 以给别人讲解的方式描述。要把一个东西讲明白，你必须先搞懂它，用输出倒逼输入可能是让你深入理解一个知识点的最好方法，这也恰恰是费曼学习法的精髓。
- 语言要凝练、准确。如果记录的内容过多，思维就很容易受到限制。如果笔记过长，那么形成的上下文会过于具象，能和它建立连接的内容的数量会大打折扣。所以，抓住重点、用最少的文字准确描述是必要的。

完成第二遍记录以后，应该将它们集中存放到一处，以免将来查找起来不方便。

在电脑尚未普及的时候，语言大师们经常要准备一个专门的抽屉装卡片，以便储存、检索和利用。在数字化的今天，我们不用给自己添麻烦了，直接用电子版的笔记管理工具即可。单是写好、存好笔记还不够，因为这不是制作卡片式段落，而仅仅是存档，要"激活"卡片中的内容，让整个系统为自己所用，需要不断写作、输出，以熟悉和使用卡片式段落。印象笔记可以根据关键词等自动发现笔记之间可能存在的关联，是一个很好的辅助工具，其具体页面如图 14-1 所示。

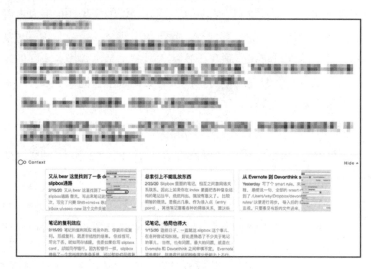

图 14-1 印象笔记管理卡片的截图

DEVONthink 不仅可以帮助用户找到相关笔记，甚至可以计算相关度并排序，如图 14-2 所示。

图 14-2 DEVONthink 中的按相关度排序

工具的自动关联功能可以在构建笔记卡片的网络时给予帮助，但绝不能单纯依靠它们，因为根据关键词出现的频率、关键词的相似度等作为衡量指标的关联也会把人局限在上下文中。

我们需要做的是将一张卡片放入卡片盒时盯着卡片盒里面已有的那些卡片，看已有的卡片和手里这张准备放入的卡片有没有关联。如果二者存在联系，就马上添加连接，并且备注连接的关系和逻辑。需要注意的是，这种联系不一定是一对一的，如果卡片盒里面的若干张卡片都和手里的卡片有联系，那就把所有的连接都建立起来。

在笔记应用里建立这样的连接非常方便，如图 14-3 中的连接（中间字下面有线的那一行）就直接连到了卡片盒中已有的卡片上，通过单击可以直接跳转。如果觉得一两句话讲不清楚卡片之间的联系，甚至可以再做一张卡片专门介绍。当然，制作新卡片的时候依然要盯着卡片盒，看是否还有添加新连接的可能性。如此循环往复，不断累积。

图 14-3　笔记中的连接

不过，需要注意连接绝不是越多越好，连接一定要精。我们必须熟悉每一条连接所代表的联系，否则将来很可能会面临遗忘的窘境。

假以时日，我们可以非常清晰地看到自己的卡片盒里面形成了若干团簇。这些卡片被连接联系了起来，写作的时候把卡片串起来就足以形成段落、篇章甚至是一本书。也可以采用辅助工具去观察这种团簇，如图 14-4 描述了我的印象笔记中卡片的连接情况。

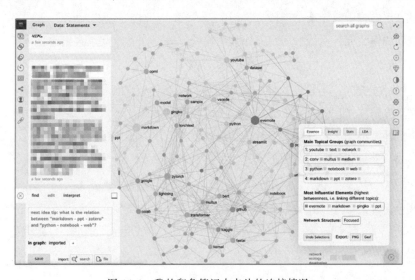

图 14-4　我的印象笔记中卡片的连接情况

14.4　拼接卡片

至此，卡片已经准备好，我们可以开始享受拼接卡片的快感了。实现高效拼接需要一个称手的写作工具，这里推荐使用 Scrivener。在 Scrivener 里面可以很方便地把卡片从笔记软件导入进来，如图 14-5 所示。导入以后卡片会散列排布，用户可以依照上下文和笔记之间的关系拖动、调整它们的顺序，尝试拼出一个完整的逻辑结构。

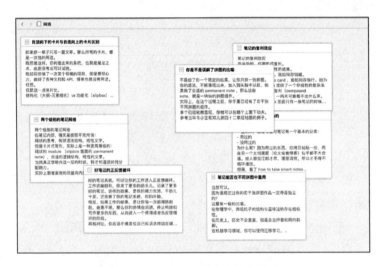

图 14-5　Scrivener 导入卡片的界面

在这个结构中肯定有"缝隙"，没关系，可以针对"缝隙"新建一张卡片，简要注明需要如何"穿针引线"后将其作为占位符，等后面有时间了再细致地写作和修改就行。

有人可能会问：不是说这样先规划后再写作会导致出现认知隧道效应吗？确实，在补充"缝隙"卡片的时候，思维难以再度发散和跳跃。不过文章的主体内容和卡片网络都已经完成了，"缝隙"卡片这种过渡段落也没有很大的发挥空间，这时候应该防范的是另一种错误——试图把卡片当成静态的东西。

在把内容从笔记软件移动到写作工具的过程中，很多人恨不得一个字都不改，只通过调整卡片的顺序及过渡段落拼凑出一个故事，这是不对的。就像记笔记的时候需要记两遍一样，当把笔记卡片转化成写作卡片的时候也要有所创造，一定要把卡片当成动态的文字，而不是静态的模块。

实现这个效果的秘诀是：在导入每一张卡片后都要根据当前的上下文进行改写和梳理。对原先的两张卡片，不一定非得排出先后顺序，有时候甚至可以让一张卡片"吃

掉"另一张卡片，即把内容融合起来。所有这些操作都以写作时的逻辑作为执行原则
和评判标准。

在拼接卡片的过程中上下文非常重要，因为写作的根本目的是给别人看。非虚构
类作品（特别是论文）就像是作者与读者的一种对话，而对话就必然有上下文，文字
内容要能嵌入当前上下文中。所以，在拼接卡片时应该根据上下文把笔记卡片"翻译"
成写作卡片，使之可以跟语境融合起来。

这样做看似麻烦，但在记笔记的时候可以极大减轻记录者的认知负担，记录者不
必有所顾虑，思索某张卡片该如何写才能在写作的时候符合文章的情景，记录者可以
想到什么就在笔记卡片中记录什么。

14.5 网络

把卡片拼接成文章之后是不是就万事大吉了呢？当然不是。我之前拼接出文章以
后总会做一件错事——把在某篇文章中已经用过的笔记打上标记，然后存档。这样做
的原因是时间长了以后，我会不记得哪些卡片已经用过甚至发表过，所以做一个标记
以避免出现雷同。

后来我才逐渐明白：这种标记使用过的笔记并存档的做法绝对是错误的。因为使
用卡片盒最大的价值就是能够产生"复利"，只有在自己的卡片盒中精心构造连接，
卡片盒才会出现一个非线性的复杂系统，形成网络，让卡片的价值大幅提升。

这样做的效果在短时间内可能看不出来，因为最初卡片盒里面只有一张卡片，借
助它写东西的效果和从头到尾写东西的效果看起来没有区别。当卡片盒里面有两张卡
片的时候，也无非是可以稍稍调整一下它们的顺序。这和从头到尾写东西的区别依然
不大。但是，随着卡片的数量越来越多，卡片之间的连接会产生强大的力量，它将使
你变得思维敏锐、文采飞扬。

你不再是在一条一维的线上非常无趣地走来走去，而是在一张多维的网络中跳
跃，你的经历将会惊险而刺激，这样写出来的文章才会有观众愿意看。你会写得越来
越多、越来越快，因为你的网络足够复杂，所以创作的门槛会变低，并且越来越低。
你将不再觉得完成作品是一件困难的事，更不会觉得是一种煎熬。这就是外脑这个复
杂系统的威力。这也就是古人所谓的：勤学似春起之苗，不见其增，日有所长。

此外，你写东西时将不再感觉受到了限制。写作高手，尤其是高产的写作高手，
其毅力往往为人们所称道，但是，大多数时候是我们误会了，这些作者可能根本就不

需要动用毅力，因为借助卡片盒，他们写东西需要付出的艰辛远少于我们所认为的。

你可能听过"文章本天成，妙手偶得之"，但没有真的在意其合理性，这里详细分析一下。人类大脑的结构是分布式的，如果你正在写文章 A，脑子里忽然出现了一个跟它毫无关系的点子，该怎么办？有的人会马上开启文章 B 开始细化这个点子，把文章 A 先放到一边，等忙完了文章 B 再转回文章 A，但这时往往会发现思路全乱了，好多东西甚至都忘了，又得重新开始梳理。有的人知道转换会带来这种结果，于是干脆丢弃这个点子，强迫自己把注意力聚焦在文章 A 上，以便能够按期完工。实际上，如果真正搞懂了卡片式写作，就会发现上述两种方式都不正确。

正确的做法应该是先快速记录闪现的点子，然后赶紧回头继续写文章 A 以保证状态能持续不断，最后对当天闪现的点子再记录一遍，将其变成一张卡片。这样既可以抓住灵感，又可以保证写作流程不中断。等写完文章 A 时再看卡片盒中记录点子的卡片，可能会发现相关内容已经形成了一个足够复杂的网络，文章 B 早已呼之欲出了。此外，这个在闪现一瞬间看起来和文章 A 并没有关系的点子，可能会随着文章 A 的进展与之产生联系，丰富文章 A 的内容。积累的卡片越多，构成的连接就越多，网络就更丰富多彩。

正因为有这样的特殊流程，坚持卡片式写作的作家往往都特别高产。因为他们借助卡片式写作方法可以实现多线程工作。此外，因为卡片式写作是"步步为营"的，所以它的使用者可以随时重启被暂时搁置的工作，靠着早已记录好的卡片和连接继续稳步前进。

由此可见，借助卡片式写作，创作者不必焦虑，不必压抑自己的创作冲动，不必动用自己宝贵的注意力，更不需要使用意志力资源，因此能够快速、高效地创作。

那些用过的笔记，倘若记不清已经用过，又用了一次该怎么办？没关系。每次写作、整合的时候大概率都需要根据上下文进行再度"翻译"，这种"翻译"有时候可能恰巧一个字也不用改，但更多的时候需要改写很多内容，有时甚至除一些关键词之外全部都需要变化，以适应独特的上下文。这样的话，读者很难发现内容是重复的。这种重用不是因为懒惰，而是因为这世界存在一种固有的相似性。如在物理学中，原子的结构与宇宙的结构存在相似性；在历史中，历史事件也总会有某种相似性；在机器学习领域，研究者不必从头开始训练一个模型，而是可以使用迁移学习，借鉴别人的训练结果，用很少的样本微调一个复杂的模型，以使其符合自己的需要。同样的道理，放在卡片盒（外脑）中的卡片（文章模块）

被用到一次、两次甚至多次也是正常的。

14.6　小结

这篇文章详细介绍了实践卡片式写作的流程、常见的认知误区与具体的应对方式，希望你能理解以下要点。

- 实践卡片式写作时方向至关重要。千万不要自顶向底地整理大纲，而要以笔记为单元，通过连接构成网络，让思考自下向上自然"生长"出来。
- 笔记作为基本单位，使用者需要了解正确的记录笔记的方法。要牢记两遍记录法，既要记得全，又要记得及时。
- 笔记卡片不能直接作为静态的拼接单位，而应该根据上下文"翻译"成写作卡片，然后再进行拼接，这样才能避免思维被局限和挤压，才能体会到拼接卡片的乐趣。
- 要充分理解笔记卡片对于思考网络的作用，这样才能避免滥用意志力，甚至丢弃头脑中好不容易涌现出来的宝贵灵感。相似性允许创作者重用同一张笔记卡片的不同"译本"，而不必有所顾虑。

总之，好的写作方法可以让写作进入正反馈环。写作进展顺利会带来更多的热情与信心，热情与信心又会促使创作者愉快地进行更多的卡片拼接，形成更好的输出。这会让创作者精力充沛、干劲十足、著作丰富。与此同时，卡片盒（外脑）也会变得更加"深邃"而"睿智"。

反之，如果工作的结果是让每一次创作都搜肠刮肚，疲惫不堪，那创作热情自然会消退，放弃构建和写更多的东西，从而进入一个负反馈环，让写作处于停滞阶段。

希望这些论述可以解决你关于卡片式写作的疑惑。

原标题：《如何高效实践卡片式写作？》

作者：王树义

第 15 章
打造写作机器

2019 年 1 月 1 日，我开始更新一个名为"艺术史图书馆"的公众号，截至 2020 年 1 月 1 日，共推送了 130 多次，其中原创文章 108 篇，绝大多数都是由我撰写的，内容侧重于针对文艺复兴艺术史的研究和辅助学术研究的数字、人文方面的工具。2019 年的大量写作使我有了更多机会重新思考自己的写作习惯，也逐渐开始改变自己的写作流程。

大概是在 2019 年的 12 月，我开始尝试全新的写作工具（包括硬件和软件），最直观的变化是从 2019 年 12 月 1 日开始到本文完稿时的两个多月里，我没有漏写一次日记，而且每天都写接近五千字。这大概是我近几年来在写作效率方面最大幅度的提升。下面详细介绍一下我是如何打造这台写作机器的。

15.1 以 Ulysses 为核心的写作工具

我所有的写作工作都在 Ulysses 上完成，积累了若干年以后，积攒了大约有一百万字，其主要分为三个部分。

1. Inbox：主要用来临时记录未经分类的想法，在本文完稿时也开始将一些适合写作的素材优先放到这里。

2. 写作项目：写作项目中的内容可以分成两部分：研究项目；和"艺术史图书馆"公众号相关的内容。

3. External Folders 里的 iA Writer 文件夹：这个文件夹主要存放日记，有时候也把 Ulysses 里的一些研究项目放在这里，以便使用文石 Max 2（一台拥有 13 英寸墨水屏的运行安卓系统的平板电脑）比较投入地写东西。

在日常流程中，我会不定时地将 Inbox 里存放的平常阅读、看展时碰到的写作素材整理到写作项目里，然后每天在固定的时间在 iA Writer 中进行例行的写作，目标是 5000 字，写完以后再整理到写作项目里。在完善写作项目里的文章时，会通过 Command+O 组合键检索相关主题，检索到以前写的内容或素材中的相关内容以后整理到当下的写作项目里。

图 15-1 显示的是 Ulysses 中的写作结构，左边是各个研究项目的分层，右边是我在写本文期间发表在公众号上的 5 篇文章，而中间正用 Command+O 组合键检索 Inbox 和 iA Writer 里收集和写过的内容，用这种检索方式可以迅速对平时的灵感进行汇总，然后再进一步写作。

图 15-1　Ulysses 中的写作结构

15.2　以文石 Max 2 为核心的构思和写作过程

写作是一个先收集材料，再构思框架，最终形成文章的过程。我的整个写作流程是以文石 Max 2 为核心，每个部分都是结构化且相互对应的。

- 收集材料。我一般先使用 Zotero 收集材料，因为我习惯利用 Zotero 的无限分层来结构化文献，如图 15-2 所示。然后使用 ZotFile 将结构反映在文件夹的嵌套中，再通过坚果云同步。最后用文石 Max 2 的 NeoReader 阅读、做笔记，由于笔记是内嵌的，结束后会自动同步到坚果云。

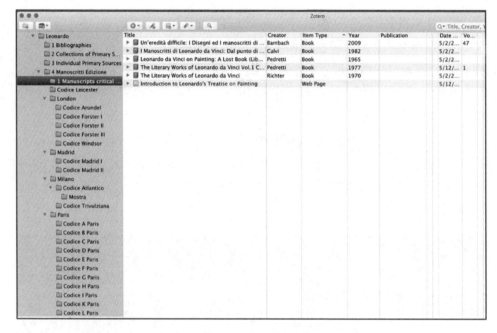

图 15-2　我的 Zotero

- 构思框架。我习惯使用文石 Max 2 中的笔记功能扩展自己的研究框架，如图 15-3 所示。在这里可以新建文件夹，在文件夹中又可以嵌套文件夹，整个结构跟 Zotero 的文件夹结构对应，也跟 Ulysses 的写作结构对应。
- 形成文章。用 iA Writer 进行写作时可以利用 Dropbox 和 Ulysses 进行同步，最新版的 Ulysses 已经支持 Dropbox，且支持在 macOS 和 iOS 版的应用中同步，从而保持各平台中的写作结构一致。

这三个部分共同构成了一个支持我不断创作的写作机器，阅读和研究框架不断促进和激发我的写作欲望。

回过头来看，整个过程就是：先在文石 Max 2 中确定笔记的结构→收集和阅读材料（前两者是相互促进的）→在 iA Writer 中边写边思考→最终在 Ulysses 中形成文章。

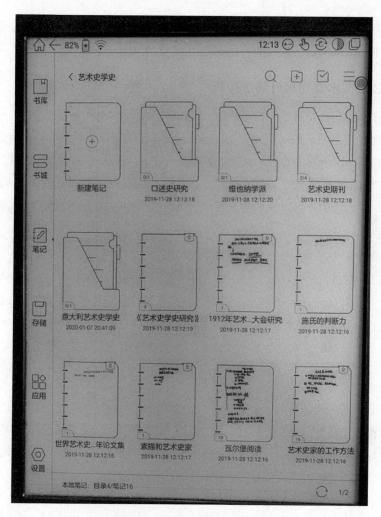

图 15-3　文石 Max 2 的笔记功能

15.3　工作流的变化

正如开头所写，这个工作流在我撰写本文时发生了很大改变，这里把变化前后的细节拿出来进行对比、分析，希望能给大家带来启发。

15.3.1　以前的工作流

先在文石 Max 2 中撰写研究好的结构，等想法比较成熟时再在 Ulysses 里进行写作。不过，由于在文石 Max 2 中书写要亲手操作，所以在后期很容易忘记之前写过的内容，因此在 Ulysses 中写东西时很难调用之前记录在笔记里的灵感，导致经常重复书写或记不起来以前已经想过的一些问题。

15.3.2 本文完稿时的工作流

第一步，在文石 Max 2 上撰写结构。每天早上在 iA Writer 上写几小时，想到什么写什么，然后通过 Dropbox 同步到 Ulysses 上，要正式写东西时，可以检索到这些已经写好的内容。这个方法看起来只多了一步——在 iA Writer 直接写作，却可以确保所有写作的想法都放置到了 Ulysses 里，要在 Ulysses 中写论文或文章时直接按 Command+O 组合键就可以检索整个库，然后再组织这些文字，这样不会遗漏以前的想法。

第二步，在文石 Max 2 上更新结构。这一步可以做得更细致，因为更新文石 Max 2 的系统以后可以将笔记本放大很多倍。基于此，我开始将以前用印象笔记收集材料的工作部分放在 Ulysses 中来操作，这样可以确保平时所有的奇思妙想都可以被检索，我在 iA Writer 中写初稿时也能够保持边写边思考的状态，可以把想法越聚越多。

15.4 缺少的一环

如果要更高效地进行学术论文写作，上述方法还缺少一个用卡片引导论文写作的步骤，即根据文石 Max 2 中的结构收集、阅读文献后，应该针对所读文献制作卡片，以便展示想象中的论文结构。把这样的卡片放在卡片盒中，根据结构设置好编号，这样在思考论文的结构时就可以很方便地调整了，这其实是将论文写作过程实物化。在阅读文献的过程中可以不断根据论文结构做笔记（非读书笔记，跟拍照做快速笔记不一样），清楚了论文的每个点之后，就可以整理成文了。成文过程自然又是一场漫长的马拉松，但合理使用卡片可以写得更好、更快，而且保留创作的思路。

文献阅读也有一个实物化的过程。德国很多学者爱用大文件夹把一篇论文涉及的重要的文献都打印出来后放在一起，并按出版时间从前到后进行排序，以便后期调用，这个思路我们也可以参考。

15.5 打造一台写作机器

使用机械键盘配合墨水屏平板上的 iA Writer 进行写作是我在完成本文时比较大的改变，下面详细说明一下我是如何安排的。

15.5.1　为什么要在墨水屏的平板上写作

利用电脑写作很容易被其他事情干扰，因此我习惯在墨水屏的平板上通过手写笔记来构思，写完一部分换一家咖啡馆，以保持一个持续兴奋的写作过程。我因为一个非常偶然的机会购买了机械键盘，并以此为契机重新开始使用一款弃用很长时间的软件，然后组成了一台可以边写边思考的写作机器，真正实现了每天写下来 5000 字。

这台写作机器的硬件如图 15-4 所示，包括 Filco 的 Minila 机械键盘、13 英寸的文石 Max 2 墨水屏平板电脑、罗技 MX Master 2 鼠标、小米台灯、显示器支架等。

图 15-4　我的写作机器

这台写作机器的软件包括 iA Writer、同文输入法、Ulysses、坚果云、Zotero 等。

对于我来说，有以下几点显著的进步。

1. 屏幕不刺眼。由于文石 Max 2 是墨水屏，因此不会发出刺眼的光，所以眼睛在写作时不会那么紧张，我可以一边打字一边思考，实现沉浸式的写作。

2. 键盘好用。使用机械键盘打字的节奏感使得我的思维更容易发散，因为我的打字速度跟我思考的速度大体一致，所以总感觉有东西可以写。在此过程中，同文五笔也起了很大作用，因为使用同文五笔没有太多选字的环节，所以思路不会被打断。

3. 每天早上第一件事情就是写日记。我的日记的主要标题都是以日期命名的，前两行都是关于自己昨天几点睡、几点起的流水账，这是为了让自己每天起来不用思考就可以开始写作，进入状态以后再完全发散地写各种主题。如果某个主题有扩展的余地，就马上新建一个空白文档，强制要求自己写满 1000 字（事实上不是很容易实现）。这样下来，经常一天能写四五个文档，写完这些文档之后将其放入 Ulysses 的结构中。

15.5.2　搭建写作系统

准备好了硬件、软件以后，就可以开始搭建写作系统了，具体步骤如下。

先在 Ulysses 的 External Folder 中添加文件夹，这一步只需要添加事先在 Dropbox 里创建的 iA Writer 文件夹就可以了，在 macOS 和 iOS 系统中也可以执行同样的操作。需要注意的是，要将这里的默认的文件扩展名改为.markdown，因为无法把 Ulysses 里的.md 文件拖到 iA Writer 文件夹中。此外，外部文件夹中的图片是无法被识别的，所以，在 iA Writer 上编辑完以后要把图片再放回来。

将 Dropbox 中的文件夹同步到 Ulysses 后，就能设置目标字数了。目标字数可以设置大约、至少、最多和每天等类型，单位可以设置成字、句子、段落等。我一般将日记文件夹的目标字数设置为每天 5000 字，图 15-5 是我在一段时间内的达标情况，基本上是可以达标的。

图 15-5　我在一段时间内写作的达标情况

15.6　小结

在 Ulysses 中写作和在 iA Writer 中写作是两个不一样的过程。在 iA Writer 中写作更像是杂想，想到什么写什么，需要创造性思考的文本大多是从这里产生的。而在 Ulysses 中写作是按部就班地处理，当需要完成某篇文章时先进行全局检索（使用 Command+O 组合键），再将相关的想法汇总并查看某个观点是否已经在其他文章里写过了，然后加工成文。

不同的软件和流程适用于不同的需求，这里展示的也只是我的个人经验，希望大家能够批判性地阅读、使用，不断优化自己的写作流程，高效完成自己的写作任务。

原标题：《日"码"五千字：2019 年我的写作机器》

作者：高明

第六篇
高效工作实践课

第 16 章
远程办公快速上手指南

在疫情期间，为了保护员工健康，很多公司选择居家办公，不管有没有远程办公的经验，都得直面挑战。远程办公的种种问题并非上线一款协作工具就能解决，其对领导的团队管理能力和员工的自我管理能力都提出了更高的要求。

进入互联网公司以后，我先后做过运营和咨询工作，始终处于半远程办公的状态，因此积累了一些经验、教训。下面主要聊聊远程办公中的一些入门技巧，希望对各位读者有所帮助。

16.1 远程办公：一种越来越流行的工作方式

大多数团队将远程办公定位成一种不得已而采用的临时手段，认为这种办公方式不如现场办公，只是效率低下的过渡方式。但事实并非如此，相对于传统的办公方式，远程办公的优势越来越明显。

一方面，远程办公可以大幅提升员工的生活质量，让员工可以任选工作地点，甚至成为"数字游民"，边旅行边工作，不用忍受糟糕的通勤状况，可以更灵活地安排时间，在工作之余培养个人爱好，照顾好家人和宠物。

另一方面，远程工作能有效降低企业的人力成本，允许团队在更大范围内招聘人才，成倍地扩充人才库，也可以让团队用更低的成本找到"更对"的人，同时省掉一笔不小的办公场地成本。

随着技术发展，特别是效率工具的成熟，远程办公不再是一种对未来工作模式的想象，而是已经成为一种受到越来越多员工和雇主喜爱的模式。Zapier 在 2020 年发表的一份关于远程办公的报告显示：美国 74% 的知识工作者愿意辞职去远程办公，而这个数字在 2017 年只有 3%，这一趋势反映出远程办公日益强大的影响力。

下面从常规沟通、文档驱动、异步协同三个方面来介绍远程办公，帮你进一步了解远程办公的方法、技巧，让你在家办公也能轻松、愉悦、高效地工作。

16.2　如何保持常规沟通的高效、稳定

在面对面工作时，大多数团队会制订双月目标、召开全员会议、召开每周例会、发工作日报等，通过定期沟通确保信息对齐，如图 16-1 所示。

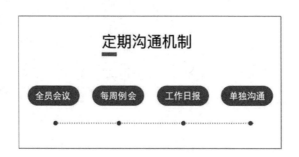

图 16-1　定期沟通机制

进入远程办公模式的一个常见误区是进入"特殊状态"，即暂停或者更换常规沟通机制。我非常不建议这么做，因为那些常年进行远程办公的团队也将这些常规、定期的沟通作为重要的协作机制，由传统办公模式转变为远程办公模式的企业更应该尽可能保持其稳定运转，以保障团队的各类信息能够维持基本秩序并及时同步。

常规的沟通有以下几种，下面分别进行介绍。

16.2.1　全员会议

应该每两个月或每个季度召开一次全员会议，以回顾最近两个月或最近一个季度的工作进展，介绍后续的工作安排，其中最重要的是对齐当前阶段的首要目标。在远程办公模式下过程控制的成本巨大，目标对齐更为关键。

1. 召开全员会议的三种方式

在线下召开全员会议的时候，召集大家到一间大会议室就可以了，而在线上召开全员会议，可以采取下面三种方式。

☞ 方式 1：召开视频会议

主流的视频会议工具支持几十到上百人同时在线，如果你的团队人数不多，直接

使用视频会议软件即可，召开视频会议的成本低，互动效果好，如图 16-2 所示。

图 16-2　视频会议

▣ 方式 2：播放提前录制的视频

有些团队的领导会用手机或电脑提前录制视频，录制完成后将视频文件上传到企业共享云盘后把链接发给大家，如图 16-3 所示。这样每个人都可以灵活安排自己的"参会"时间，选择适合的播放速度，效果也不错。

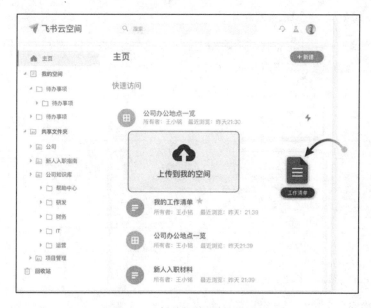

图 16-3　播放提前录制的视频

📑　方式 3：将会议内容纳入文档

这种"文字+视频"的形式对于阅读者极为友好，如图 16-4 所示，能让信息传递效率再提升一个等级，但前期准备成本颇高且无法让领导与团队成员直接互动、交流，不是特别推荐所有团队尝试。

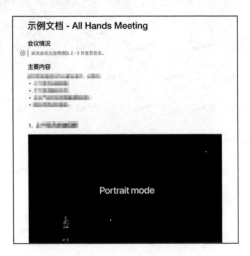

图 16-4　文字+视频的会议

2. 要做好全员会议的调研工作

全员会议是一个非常难得的消除疑虑、鼓舞士气、统一目标的机会，但召开会议的成本巨大，要确保会议卓有成效，会前会后的调研工作必不可少。可以通过在线文档、表单工具在会前征集大家关心的问题，在会后收集反馈，以方便后续调整，如图 16-5 所示。

图 16-5　收集反馈问卷

3. 在全员会议上可以奖励优秀员工

奖励优秀员工也是全员会议的必备环节之一，获奖员工领奖、领导介绍获奖原因的过程是一次让大家认识获奖员工、凝聚团队共识、鼓励大家建立联系的好机会。如果时间充裕，领导不妨聊聊最近的收获和洞察，并努力将其打造成全员会议不可多得的"加分项"。

16.2.2　每周例会

每周例会是团队非常重要的沟通机会，但也很容易变成形式主义的活动，使得开会变成走过场。下面聊聊如何借助 OKR（Objectives and Key Results，目标与关键成果）让每周例会发挥更大的价值。

1. 回顾项目或 OKR 进展

每周例会的内容没有固定的标准，这里推荐两种常见的召开每周例会的方式。

方式 1：将周报与 OKR 结合。如果还没有听过 OKR，我强烈建议你进一步了解它，因为这是一种国内外诸多科技巨头、独角兽公司都在使用的目标管理方法。通过 OKR 的制定和对齐，能让员工更充分地了解公司目标、调动工作的积极性、直面挑战，图 16-6 是一个 OKR 的模板。

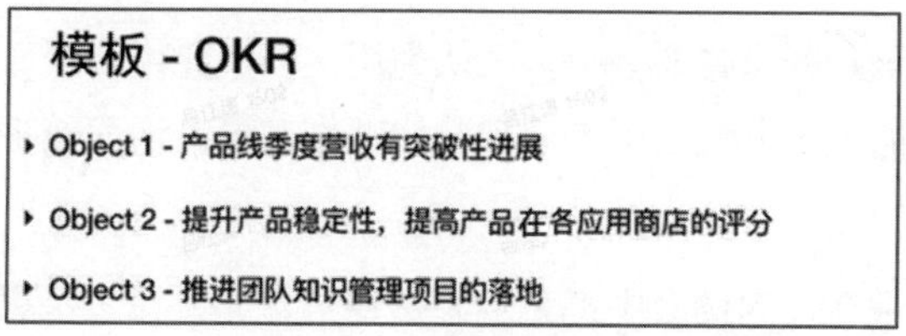

```
模板 - OKR

▸ Object 1 - 产品线季度营收有突破性进展

▸ Object 2 - 提升产品稳定性，提高产品在各应用商店的评分

▸ Object 3 - 推进团队知识管理项目的落地
```

图 16-6　OKR 的模板

这种方法尤其适合远程办公，除了在 OKR 周期前后安排专项讨论，利用每周例会回顾团队 OKR 的进展也是确保目标能够达成的有效手段。

方式 2：将周报与重点项目结合。除了根据 OKR 回顾工作，也可以按照职责分工和工作内容划分周报内容，比如将周报分成数据、产品、研发、设计、专项等模块，如图 16-7 所示。

除了回顾进展，建议在周报中设置"本周收获""是什么影响你实现目标"等固定议题，通过在每周例会中讨论帮大家培养更强的问题意识，促进团队快速发现、定位、解决问题。

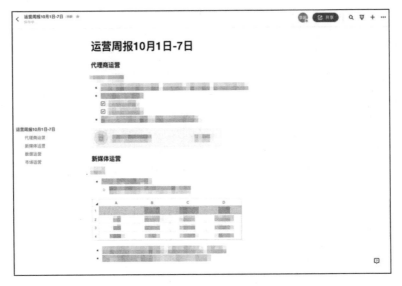

图 16-7　OKR 中的周报

2．打开摄像头

开视频会议应该打开摄像头。很多人认为用文档、音频可以说清楚的话就不需要看到对方的脸了，这是大大低估了表情和肢体动作对提升沟通效率、增加团队成员间的信任度的帮助。

除此之外，如果在每周例会中都不打开摄像头，那么在一些更艰难、更需要看到彼此表情的会议中，团队成员大概率还是会习惯性地进行语音聊天。因此，在每周例会中鼓励大家面对面交流是一种让团队成员更好适应视频会议的手段。

3．在固定时间召开

我的团队确定了在每周一下午召开例会的机制，因此在日历里设置了重复的日程提醒，大家也会提前把周一下午的时间预留出来。因为涉及工作进度回顾，这个时间点也成了很多关键结果虚拟的截止日期。由此可见，在固定的时间召开每周例会能让大家更合理地安排手头的工作。

除了传统的每周例会，之前我所在的团队还会在周五下班前组织"庆祝会"，团队成员端着咖啡，带着零食，边吃边聊，分享这一周取得的突破和进展，因为氛围轻松，大家更愿意在这个场合分享一些私人故事和感受，增进彼此的感情。

4．撰写周报

召开每周例会之前通常需要撰写周报，以便记录上一周的工作进展和后续的工作计划。传统的撰写周报的方式多是中心式的，大家各自在 Word 文档中撰写自己负责的部分，最后交给领导汇总。这里建议使用多人协作的在线文档撰写周报，彻底告别传统、低效的做法。将周报文档的链接发给团队成员，让大家同时在同一篇文档中填写、补充信息，既可以省去汇总的麻烦，也可以避免因复制、粘贴引发的种种错误，其效果如图 16-8 所示。

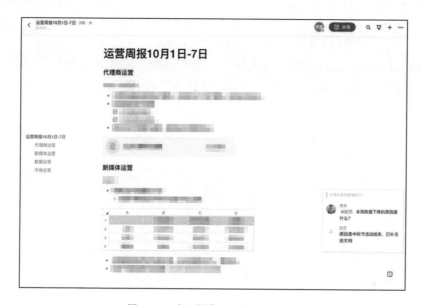

图 16-8　多人协作的在线周报文档

虽然有各种工具可以降低远程办公的沟通成本，但理想状态当然是"不需要沟通"，即通过优化沟通系统彻底消灭一些不必要的流程。利用在线文档多人协作编写周报就是直接"干掉"一个流程的生动案例，对我的团队帮助非常大。

5．将周报的阅读权限开放给其他部门

部门间的信息同步很难做好。很多公司存在厚重的"部门墙"，阻碍部门、员工之间有效传递信息。我的团队会把周报阅读权限开放给整个公司的同事，并定期更新到公司的知识库中。只要做好权限管理，确保隐私数据的安全、可控，在更大范围内分享周报阅读权限，不仅能大幅降低不同部门之间的沟通成本，也更容易达成部门之间的合作，实现互利共赢。

16.2.3 工作日报

写日报对员工的要求非常高，因为一天内能做事情并不多，往往两个会议就能占用大半天时间，所以，想要每天都写出一份漂亮的日报，要保持极高的效率。

不过，日报能让领导和同事更高频、更及时地同步信息，了解其他人每天在做什么，有利于同步大家的工作节奏，优势互补，在特殊时期也算一种值得尝试的管理方式。

不同于周会，很多团队并不会专门召开每日的早会、晚会。那么，如何同步日报信息呢？具体有以下几种方法。

1．发布到部门日报群

比较简单的方式就是创建一个日报群，直接把每天的工作总结和第二天的工作计划发布到群中，如图 16-9 所示。

图 16-9　在日报群中发布日报

对一些阶段性成果和有价值的文档，可以把相关链接发布出来供其他成员参考。对我来说，这也是一次确认工作状态的尝试，每次看到其他伙伴在一天之内完成了那么多工作，而自己只做了一点点，这种真实的压力会促使自己明天更努力一些。我们在日报群里还设置了提醒机器人，每天在 18:45 准时提醒大家上传日报，如图 16-10 所示。

图 16-10　提醒机器人

2．发布到文档

当然，也可以直接将日报填写到日报文档中，填写的时候可以顺便看看其他人的工作进展，还能通过评论、询问得到更多信息，进行有针对性的沟通。工作成果越透明，对努力工作的人就越有利，对确保团队生产力就越有帮助，如图 16-11 所示。

图 16-11　将日报直接填写到日报文档

但是，也应当注意不要让员工为了使得日报好看，优先做那些简单的任务，而忽略了更困难但更重要的任务。

我自己还有一个习惯——把发日报作为下班的仪式，发完日报就正式下班。

16.2.4 单独沟通

我在进入互联网公司之前完全没听过一对一会议（领导和团队成员单独沟通，了解彼此遇到的问题和需要的支持），我相信很多人也不太重视这种沟通方式，认为大家吃饭在一起、开会在一起、顺路的时候还一起回家，为什么还要专门去一对一沟通呢？我自己最初也是这么认为的，但是在参与了几次一对一会议之后就深刻体会到了一对一沟通的重要性，因为很多话题真的只能在这种场合沟通、交流。

负责任的领导甚至会用专门的文档记录一对一会议的成果，持续跟进团队每一位成员的状况，想方设法为团队成员赋能。在远程办公中，沟通成本变高，因此可做可不做的沟通很容易就被放弃了。但应当注意，如果这是你首次切换到远程办公模式，那么这时候更应该坚持"宁可过度沟通也不能沟通不足"的原则，因为积极的沟通可以确保团队健康、高速地运转。

16.3 如何围绕文档充分交流

远程办公绕不过的一个挑战是从面对面的交流调整为围绕文档展开交流，这是工作思路的重大转变。

本文开篇提到远程办公是一种很优秀的工作方式，这里需要强调的是：习惯撰写文档更是一个值得培养的好习惯。我身边很厉害的同事大多都是撰写文档的高手，进入互联网公司之后，产品经理、市场人员、研发人员等同事撰写的文档的扎实程度令我叹为观止，很多文档甚至给我带来一种海量输入信息的快感。

文档非常体现一个人的专业水平，不仅能帮助文档撰写者形成更清晰的认知，同步到云端、被新同事搜索到以后，也能帮助他们充分地认识公司、产品、技术等。

我的团队的很多工作都是围绕着一篇篇文档推进的，负责不同模块的同事会持续补充、输入信息，充分调动每个人的聪明才智，帮助团队更快达成目标。

下面主要介绍三种使用文档的场景：用文档推进项目落地、用文档高效开会和用文档做好个人管理。希望各位读者能体会到文档驱动的妙处。

16.3.1 用文档推进项目落地

这部分主要分享一份扎实的项目文档大概是什么样的。

1．结构清晰

项目文档应当包括背景信息、目标、方案、数据、时间安排、任务分配等基础模块，并通过设置不同的标题级别使项目文档的条理更加清晰。

相对于大段的文字描述，使用有序列表、无序列表会提升文档的结构性，减少文档阅读者获取信息的成本。

2．包含详细的参考资料

我见过一个产品经理为了设计一个在我看来无足轻重的小功能，调研了市面上几十种工具不同的实现方式，不仅完整、清晰地呈现在文档中，还给出了独到的分析评价。我还见过一个设计师在一个 UI 方案后面附上了分析 2020 设计趋势的资料以支撑结论。

我前些年刚参加工作的时候，同步一个项目的资料需要用 U 盘复制相应的文件夹，对里面包含的文档、图片、视频、PDF、Excel 等文件，还需要设置子文件夹并通过重命名进行分类、排序。

从 2020 年开始使用飞书的在线文档之后，我可以把这些资料全部放到一个文档中，然后“一键”分享给团队其他成员，如图 16-12 所示。

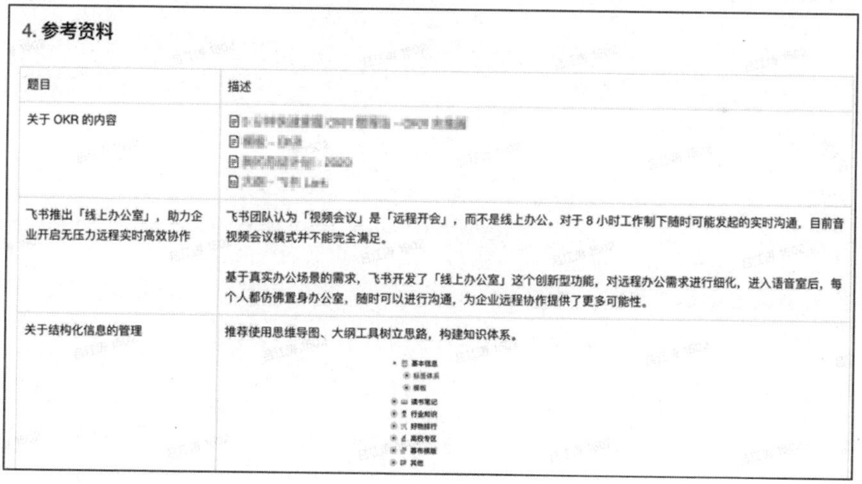

4. 参考资料

题目	描述
关于 OKR 的内容	
飞书推出「线上办公室」，助力企业开启无压力远程实时高效协作	飞书团队认为「视频会议」是「远程开会」，而不是线上办公。对于 8 小时工作制下随时可能发起的实时沟通，目前音视频会议模式并不能完全满足。 基于真实办公场景的需求，飞书开发了「线上办公室」这个创新型功能，对远程办公需求进行细化，进入语音室后，每个人都仿佛置身办公室，随时可以进行沟通，为企业远程协作提供了更多可能性。
关于结构化信息的管理	推荐使用思维导图、大纲工具树立思路，构建知识体系。

图 16-12　飞书中的文档

时至今日，很多组织还重度依赖纸质资料，但更多组织已经在积极进行无纸化、数字化变革，从依靠纸质资料向依靠数字化资料迈进，这时候特别容易使用 Word 这样的文字处理工具并完全参考纸质资料的用法，这是一个很大的误区。在线文档早已不同于传统的 Word 文档，其功能性、信息承载能力都有了巨大的提升。比如在项目文档中就可以插入如下元素。

文档链接：相对复杂的项目除了包含总的项目文档，还会包含很多会议纪要、参考资料等文档，因为是在线文档，所以这些文档都有专属的链接，只要把这些链接粘贴到文档中，飞书会自动识别链接对应文档的标题，使阅读者可以像浏览网页那样单击、跳转。

甘特图：如果不是身处建筑、制造等领域，我不建议大家使用 Microsoft Project、OmniPlan 这样专业的项目管理工具，因为使用成本太高。在文档中插入一个数据表格就能轻松绘制甘特图，在项目开始之前设立里程碑就能得到明确的项目路线图，如图 16-13 所示。

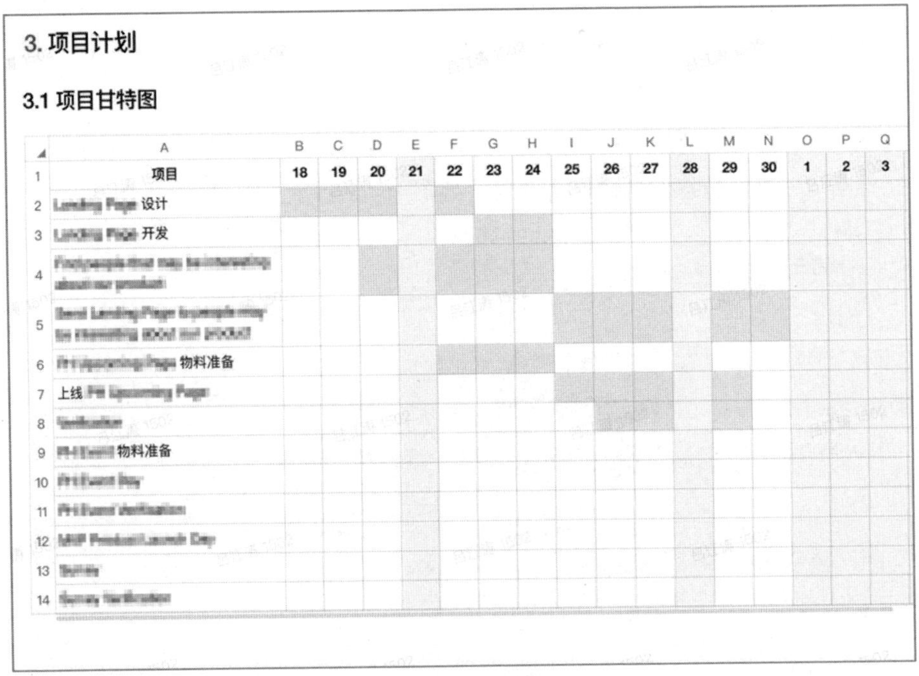

图 16-13　甘特图

投票：针对一些需要全员决策的事项可以插入投票模块，实现"不借助第三方工具直接在文档中选出最合适的标题或方案"的效果。

视频：文档里可以插入包括 YouTube、TikTok、B 站、西瓜视频、优酷等平台的视频，让用户不用跳出文档就可以直接在文档中观看视频。

3．用@功能将任务落实到人

仅仅写好文档是远远不够的，让会议的决策能够快速落地执行更为重要。我的团队非常鼓励"Owner 文化"，大大小小的工作一定会有专人负责跟进，推动事情的发展。在远程办公中，更应该强调所有者的主人翁意识，鼓励人们调动更多资源，攻坚克难，确保目标能够顺利达成。所以，提前将目标分解为任务并通过"@人"的功能将责任分配到人就更加重要了，如图 16-14 所示。

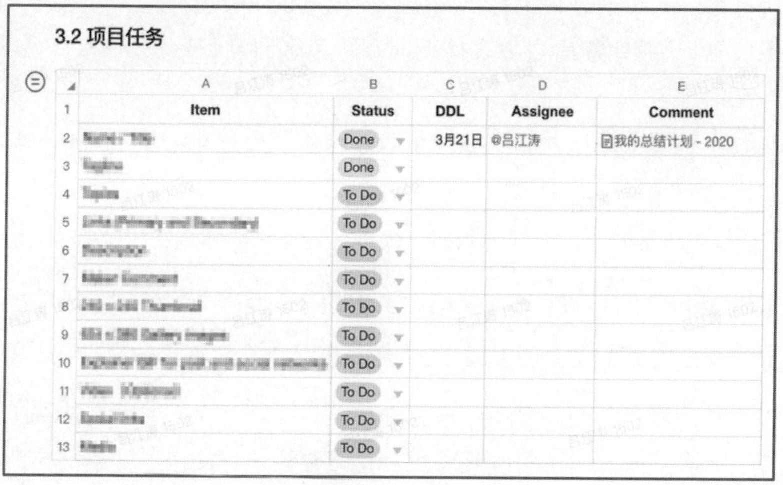

3.2 项目任务

	Item	Status	DDL	Assignee	Comment
1					
2		Done	3月21日	@吕江涛	我的总结计划 - 2020
3		Done			
4		To Do			
5		To Do			
6		To Do			
7		To Do			
8		To Do			
9		To Do			
10		To Do			
11		To Do			
12		To Do			
13		To Do			

图 16-14　在系统中@别人

另外，很多团队的任务分配和任务交付是分开的，这容易增加沟通成本。因此，建议直接将完成的工作成果粘贴到任务后面，让相关同事可以方便地查收、了解最新的进展。

4．持续打磨模板

飞书提供了很多官方模板，质量都还不错，在新建文档的时候选择"从模板中新建"就能获取。

不过，也应该鼓励团队打磨适合自己的模板，在每个项目结束后进行复盘、优化，把经验沉淀到模板，以丰富数据分析的维度、增加渠道触达的效率等。如果这些模板可以通过一些链接索引到其他文档。**模板本身就是一个高质量的指导手册。**

16.3.2　用文档高效开会

会议往往是效率的"头号杀手"，传统的会议往往是"一个人在讲 PPT，大家在下面听，有些人听得懂，有些人听不懂，有些人觉得快，有些人觉得慢。"

对此，飞书采用一种名为"飞阅会议"的方式组织会议，使用方法特别简单，具体如下。

- 项目的完成者负责编写文档，在会议前半程花大概 15 到 20 分钟让大家默读文档。
- 所有参会人员通过评论提出问题、提供建议、表达担忧，给完成者输入更多信息，会议组织者可以在此期间直接文字回复，或@其他人以请求协助、补充信息。
- 所有人看完文档后开始针对评论内容逐条进行讨论，将讨论结果更新到文档中并同步，以明确下一步行动。

方法看起来非常简单，但优势明显、效果突出，具体体现在以下方面。

- 节省做 PPT 的时间。事实上绝大多数的会议都不需要 PPT，PPT 不仅制作成本高，对信息的压缩比率也过大，并不利于完整传达复杂的信息。
- 将单线程处理变成多线程处理，缩短会议时间。传统的会议往往是一个人说，所有人听，属于单线程输出，飞阅会议通过阅读、评论文档的形式把会议变成了多线程输出，效率成倍提升。
- 量化贡献度。以前开会时几个人七嘴八舌地讨论，有人提出了很棒的想法，有人却一直在忙着别的事，根本没在线，缺乏有效的手段去衡量参会者的贡献程度。通过评论文档的方式可以一眼看出来谁在积极参与、谁在滥竽充数。
- 倒逼参会者编写更扎实的文档。绝大多数会议都是先明确挑战，然后组织参会者努力完成。如果不是头脑风暴式的讨论，缺乏一个扎实的文档会特别容易被其他人难倒，如果一问三不知或不被大多数同事认可，事情往往也无法顺利推进。

这种利用飞书的在线文档开会的方式可以在很大程度上解决会议准备不充分、讨论混乱、决策执行不彻底等传统会议模式存在的问题，强烈建议各位读者试一试。

16.3.3 用文档做好个人管理

日报虽然是一种不错的信息同步手段，但写日报可能是很多人工作中最痛苦的一部分，我认为这种痛苦主要来源于对当天工作效率低下的深深焦虑。

组织的整体效率除了成员之间的协作效率，更重要的是成员个人的效率，如何提升成员的个人管理能力不容忽视。相对于使用复杂的任务管理工具或项目管理工具，使用在线文档进行个人管理的学习成本更低、操作更加灵活。

使用在线文档进行个人管理的方法非常简单，就是先每年新建一个文档，然后将结构分成三部分。

- 双月 OKR。
- 当周及每天的计划和总结。
- 归档。

每天要做的事情是先从团队 OKR 中分解出个人 OKR，再分解出每周的计划，最后确定每天的任务。光有目标还远远不够，只有将目标分解成可执行的行动并分配相应的时间、逐项完成，才能真正推动各项工作落地，否则会陷入一种"要做的事情很多，但不知从何下手"的窘境。

用文档更高效地进行个人管理有以下几个技巧。

1. 服务自己

虽然维护好这个文档就能完全覆盖撰写日报的工作，但是必须要明确：使用这个文档首要的目标是服务自己，帮助自己更高效地工作，即第二天真的可以按照这个计划去有条不紊地工作，其次才是向团队成员汇报，要努力做到"不是为了写日报而写日报"。

2. 花更多时间确定明天的计划

我发现写日报很容易把最多的时间花在描述今天完成了什么上，我认为这是不合理的，建议各位读者花更多时间想清楚"明天要做什么"。在家中工作时特别容易出现拖延，因为家里有太多更放松的选择，如看电视剧、看综艺节目、睡觉等，如果不能提前安排好第二天的计划，把优先级设置好，确保可以对关键任务投入足够多的时间，甚至明确几点大概做什么，非常容易出现"一觉醒来觉得一大堆事情要做却无从下手，进而诱发拖延症，造成行动瘫痪，什么也没有做"。

3．将总结、回顾和计划结合

大多数人在日报中制订的计划和完成的任务是割裂的，也就是说，根本不会照着计划开展工作，自己也不会追究做得好或者不好，造成缺乏反馈。这里有一个很简单的方法可以避免出现这种情况：直接在文档的计划下面复盘计划的完成情况，如图16-15 所示。

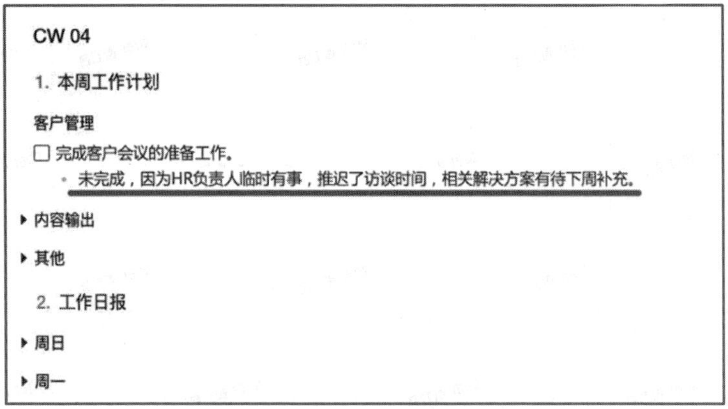

图 16-15　复盘计划的完成情况

通过简单的复盘可以发现设定的目标有没有完成、完成情况如何、没完成的原因是什么，这样下一步如何调整自然就一清二楚了。

飞书文档有一个非常适合这个场景的功能——单击标题是可以收起相应内容的。借助这个功能可以只展开本周、当天的计划，把 OKR、归档等部分暂时收起来，让页面看起来更清爽、更聚焦。

16.4　如何用异步协同提升协作体验

前面提到可以使用定期例会、在线文档完成信息对齐，除此之外，更多的是日常的交流，但如果不能在线下面对面地进行交流，就要借助聊天工具在线上进行交流了，而这几乎是远程办公中最难做好的一件事情。

很多管理者容易陷入极端状态。有些管理者过度管理，希望员工在工作时间一直在线，上班、下班、吃饭都要在群里报备，这会让员工有种被监视的感觉；有些管理者则让团队自由发挥，没有任何约束，这会造成员工散漫、失去战斗力。该如何把握沟通的度以保证松紧适中呢？这部分简单介绍一下线上沟通中的一些注意事项。

16.4.1　在家也能实时在线

即便在远程办公更普遍的美国，到公司打卡依然是主流的工作方式，在办公室抬头就能交流能大幅提升沟通效率。所以，在家办公时团队更应该刻意保持实时在线，并且设置共同的办公时间，在这个时间段内，员工在理论上应该能得到所有人的及时响应。如何在家也能做到实时在线？大致有以下几种方法。

1．尝试在移动端办公

你不可能每时每刻都在电脑边，但是大多数时候都会带着手机，而现在的协作工具大多都有移动端 App，并且可以保持所有数据在不同的客户端实时同步，所以，安装并运行移动端的办公 App 是应该尝试的。我曾经有一位同事在疫情期间没有电脑，一直使用手机工作，结果很多人一直没有察觉。

2．保持正常的作息规律

我自己在假期时出现过"工作到凌晨 5 点，睡到中午 12 点，结果好几位同事联系不上我"的尴尬局面。所以，建议大家即便在家也要遵循正常的作息规律，不要模糊工作与休息的界限。很多自由职业者甚至会在工作之前换上正装、划分专门的工作区域，用仪式感达到更专注的工作状态，这是值得我们学习的。

字节跳动 CEO 张楠在直播中分享"我们鼓励大家认真地洗脸、刷牙、洗头、换上正常的衣服，在家里安排固定的工作位置，开启能量满满的一天"。他们除了定时召开视频早会，甚至还会在周末一起在线跳操，以保持健康的状态。

很多人居家办公时会非常准时地上班，但完全忘了下班时间，这也是不好的。前面提到了提醒机器人可以提醒你交日报，其实也可以用它提醒你按时下班，不能因为没有场景的切换就模糊了工作与生活。

3．必要时加急信息

如果事情紧急，而对方此时并未在线，发出的消息始终显示为未读，可以通过加急的方式提醒对方，把对方强行拉回在线的状态。可以灵活运用不同的加急方式，但千万不要滥用，不然很容易引起同事的抵触。

4．合理使用语音或视频进行沟通

相信你经常遇到"这事咱们语音聊一下"的情况，因为在即时通信软件中沟通复杂的话题时，打字不如音频或视频有优势。所以，这部分希望帮助大家认识到发起一

场音频或视频会议有多轻松。

主流的协作软件普遍越来越重视召开音频或视频会议的体验，如用飞书可以在单人沟通、群聊、浏览日历时在手机端"一键"发起音频或视频会议，参会人单击"共享屏幕"选项就可以共享桌面或应用窗口，以便大家边看边讨论，不仅高效，而且聚焦。

需要特别提醒的是，飞书已经上线了"线上办公室"功能，使用体验类似 YY 语音，其通过实时语音的方式还原了办公室场景，进入语音室后，每个人都仿佛置身办公室，随时可以进行沟通。用户可以随时加入，随时离开，也可以自主静音。这样既能保证有需要时同事就在"身边"，也能避免被过度打扰。

16.4.2　异步协同与实时在线结合

提到远程办公，就不得不提异步协同。异步协同不同于大部分同事都坐在一起、站起来就能直接交流的传统沟通模式，也不同于通过即时通信软件实时在线、立即回复的方式。异步协同类似于传统的邮件沟通，不期待同事立即回复，只要在 1 到 2 天内回复就好。这可以让对方更灵活地安排自己的时间，节省频繁切换任务的成本，帮助每个人获得大块的专注时间。

异步协同的具体落地方法有以下几种。

1．用日历、签名、消息提醒同事自己的状态

让其他人知道你的状态算是给异步协同"提前打一个补丁"。如果你正在一场重要的商务谈判中，手机开启了免打扰模式，你的同事打了几次电话都找不到你，可以想象他对你的印象会有多糟。因此，不在线的时候一定要让同事知道，控制好预期能有效避免出现上面这种情况，具体做法有以下三种。

- 把日程记录到日历中。
- 在签名栏进行告知。
- 关闭消息提醒。

这样，同事给你发消息的时候能够直观了解到你的状态，调整预期，避免抓狂。

2．建立不同功能的群

信息的透明和对齐必然带来一定程度的信息过载，这对团队中的每位成员的信息处理能力都提出了更高的要求。你绝无可能也大可不必快速响应每一条信息，但同时

应该确保对重要且紧急的信息在第一时间做出回应。

要想实现这样的目标，在创建沟通群的时候就应当有一个整体规划，将不同的话题分散到不同的群聊中，而不是将其全部发在部门群中。常见的群有以下几种。

- 部门大群：发布重要消息及相关沟通的群。
- 项目沟通群：围绕项目创建的沟通群。
- 闲聊群：沟通吃饭、运动、拼车等非工作话题的群。
- 感谢群：对在工作中帮助你的同事表达谢意的群。
- 提交 bug 群：自己或客户在使用产品遇到 bug 时寻求帮助的群。
- 分享群：分享一些有价值但不紧急的内容的群。

……

个人也需要根据业务分工，对不同的沟通群设置好相应的优先级，并给予恰当的响应时间，如确保在正常情况下在 5 到 10 分钟内回复部门大群或项目沟通群的消息，对其他群则关掉消息提醒，确保每日或每周定期查看即可。通过给不同的群设置不同的级别，并配合飞书的勿扰、关闭消息提醒、稍后处理、置顶、会话盒子等功能，可以获得极致的"降噪"体验。

3．注意信噪比

我们鼓励在群内交流，充分对齐信息，但不意味着把各类信息都发到群里让大家知悉，相反，应该尽可能维护较高的信噪比，否则大多数规模较大的群在经历信息爆炸之后便会归于沉寂，没有人愿意再说话。

不过，提醒大家注意信噪比这件事往往需要高级别的领导亲自来做，或者授权专人负责，并做好对团队成员进行长期教育的思想准备。想必大家都看到过高层领导在全员群里经常发类似的信息："类似这种不需要全员查看的消息，请不要在这么多人的大群里发，因为这对大多数人来说都是无效的干扰消息。遇到具体问题时可以到合适的渠道反馈，请大家注意大群的信噪比。"

4．坦诚、清晰

我所在公司的一个团队的领导曾经分享过一个特别打动我的观点：坦诚是一种态度，清晰是一种能力。坦诚很难，有时候鼓起勇气即可，并不需要太多的技巧和训练，但表述清晰是一种底层能力，往往不是一朝一夕能够达成的，是需要刻意训练才能实现的。在远程办公中也应当着重提升表达能力，尽可能不要有太强的"攻击性"，做好善意假设，必要的时候多用 emoji 表情可以充分传达情绪，避免出现误解。

16.5　小结

远程办公不仅是一种工作方式，更是一种工作技能，随着基础设施的日益完善，甚至会成为一种基础技能。有了这个技能以后，你的选择会更多。

很多公司其实非常适合远程办公，只是没有机会尝试，相信经过疫情期间的尝试，体验到远程办公的优势的企业以后会长期保持这种办公方式。改变的过程一定不会轻松、愉悦，但从长远看来，这也许是提升团队生产力最佳的机会，即便最终没有采用远程办公的模式，沉淀下来的一些优秀的习惯可能也会有意想不到的效果。

最后，强烈推荐飞书这款工具，哪怕你是独立工作者，我也建议你试一试。相信这款能让几万人的大公司高效运转的工具用在个人工作中也能带来帮助。

原标题：《远程协作快速上手指南》

作者：Louiscard

第 17 章
用 Trello 进行远程协作

17.1 根据需求找工具

个人使用 Trello 已经三年有余，在团队协作中重度使用 Trello 开始于 2019 年 1 月"学习素材共享协作小组"的成立，这个项目在 2020 年已经迭代到了 2.0 版本。

这里先简单介绍一下这个小组，从侧面说明我们为什么要使用 Trello 这类工具。

"学习素材共享协作小组"成立于 2019 年初，成立它最初的灵感来自小时候和小伙伴交换游戏卡带的回忆。可能不少人小时候最喜欢的娱乐活动就是和小伙伴用插卡带的学习机一起玩游戏，平时各自练习、琢磨秘籍，周末一起切磋。听说谁买了新的游戏卡带，就带着自己的"珍藏"去和他交换。

到了今天，我们有什么可以互相分享、交换的东西呢？我想可能就是每天接触的信息和学习素材了。加入这个小组的成员会不定期共享自己发现或感兴趣的素材，然后把素材中把感兴趣的内容输出成相关文章在小组内分享。

想法要落地需要一个合适的工具，根据素材共享和写作流程的特殊性，这个工具要可以很好地跟踪每个素材和主题的状态、进度，同时允许成员之间相互协作和沟通，为此我们引入了 Trello。

17.2 为什么选择 Trello

看板一词起源于日本，看板管理则源自丰田的及时生产（JIT, Just In Time）系统，即利用看板在各工序、各车间、各工厂及与协作厂之间传送作业命令，使各工序都按照看板所传递的信息执行，以保证在规定时间内制造所需数量的产品，最终实现及时生产的目的。

Trello 就是一款以看板为核心的项目管理、协作工具，其简便、灵活的可视化方式能帮助用户管理自己的项目并组织各种事务，截至 2019 年 10 月，它在全世界已经拥有了 5000 万名注册用户。Trello 以外表简约著称，虽然功能强大，但复杂功能都被收到恰当的位置。因为被财大气粗的 Atlassian 收购了，所以其基础功能全部免费，对于大多数个人或小团队而言，免费版本已经完全够用了。

Trello 的主要优点如下。

- 全平台的项目管理和任务管理工具。
- 能通过看板进行项目跟踪和管理。
- 上手简单、外表简约、功能强大。
- 协作功能完善且管理方便。
- 让协作扁平化、透明化、参与性强。
- 免费版可以满足常用需求。

基于 Trello 这些优点，我们得以建立一个不依赖微信群的小组。我们希望协作是简洁且透明的，所有信息都能通过一个简单的辐射源影响所有成员，以便调动大家的积极性和自主性。

在这个外表松散的小组里看不到无用信息"刷屏"（不过 Trello 本身有很多 emoji 供用户表达情绪），打开 Trello，看到的只是谁更新了想法和素材、谁对你的想法和素材感兴趣、自己关注的素材有没有被写成文章等。

Trello 满足了我们三大主要需求：可协作、可跟踪、简单纯粹。

17.3　快速上手 Trello

如果有时间，建议拿出半个小时仔细阅读官网的"看板学习指南"；如果没时间，只浏览本文亦可快速上手。如果想查看具体的使用 Trello 看板的案例，可以参考官网的"Trello 灵感"部分。

17.3.1　基本概念

Trello 看板有且只有四个关键组件，图 17-1 来自 Trello 的官网，对其功能进行了充分说明。

图 17-1　Trello 官网的介绍

看板：代表一个项目或是一个信息跟踪平台，可以用来组织任务并与他人进行合作。

列表：可用于创建工作流。列表中的卡片可随着工作流从开始到完成在列表之间移动，可以在看板中添加无限的列表，并随心所欲地进行组织。它可以保持卡片在进度的各个阶段被有序组织。

卡片：看板的基本单位。一个卡片可以代表一个任务或观点。卡片可以是需要做的事情（如待写的文章）或需要记住的事情。只需单击任何列表底部的"添加卡片…"选项就可以创建新卡片，然后对其进行命名。通过单击可以对卡片进行自定义，以便添加各种实用信息。在列表之间拖放卡片可以展示进度。

菜单：Trello 看板的右侧是看板的任务控制中心，该菜单用于管理成员、更改设置、过滤卡片和启用 Power-Ups 支持的第三方功能，还可以在菜单的动态订阅源中查看看板上发生的所有动态。

17.3.2　创建团队、看板和卡片

1．创建团队和看板

使用 Trello 创建团队和看板都可以通过单击页面右上角的新建按钮完成，如图 17-2 所示。

选择"新建团队"选项后可以设置团队信息并邀请成员。Trello 通过邮箱邀请成员，用户可以一次性输入多个成员的邮箱地址，并且编辑邀请邮件的内容。

图 17-2　Trello 的成员邀请方式

2．从模板创建看板

除了通过新建按钮创建看板，Trello 还提供了针对各个行业的模板，用户可以按照类别查看或搜索模板，并在模板展示页面直接使用，如图 17-3 所示。

图 17-3　Trello 的模板展示页面

3．创建卡片

针对"学习素材共享协作小组"的 Trello 团队会把所有参加的成员添加进来，成员只要加入这个团队就可以查看、编辑、修改团队内的所有看板，成员也可以选择加入"写作学习资源共享"这个具体的看板。因此，截至本文完稿时成员暂时不需要自行创建看板和列表，日常使用最多的操作是创建卡片。

创建卡片有以下几种方法。

在应用内部创建卡片：在列表右上角有三个点，单击后再选择"添加卡…"选项即可添加卡片内容；在列表最下方单击"+添加另一张卡片"选项即可直接添加内容，如图 17-4 所示。

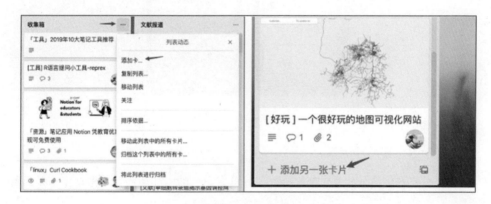

图 17-4　在 Trello 内部创建卡片

借助 Chrome 插件：如果想要分享某个网页，可以在 Trello 的 Chrome 插件中进行快速添加，勾选最下方的单选框以后网页地址会作为附件被添加，而网页名则会作为卡片名，如图 17-5 所示。

图 17-5　在 Trello 的插件中 Chrome 插件中进行操作

　　在移动端操作：用户也可以直接在手机客户端中添加卡片或通过系统分享菜单添加卡片，如图 17-6 所示。

图 17-6　Trello 的移动端 App

17.3.3　操作卡片

　　Trello 可能在表面上看起来简单，但其具有无穷的内在功能，单击每张卡片后都会进入"卡片背面"，看到卡片的具体内容，如图 17-7 所示。

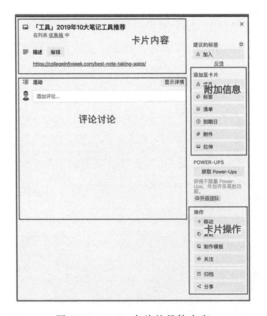

图 17-7　Trello 卡片的具体内容

卡片描述：在这里可以添加更多有关卡片、网站链接或操作步骤的具体信息。要想给卡片添加详细信息，可单击卡片背面顶部的"编辑"按钮，这里支持 Markdown 语法。

评论和活动：在与团队成员沟通和协作时可以为卡片添加评论，如提供反馈信息或更新信息。还可以使用@符号在评论中提及看板或团队的成员，@某人以后他们会在 Trello 中收到相应的通知。活动则按照时间轴显示卡片的所有评论和操作。

在添加至卡片部分可以添加更多附加信息，具体如下。

- 添加成员：可以向卡片添加成员以分配任务，轻松查看其他人正在做什么、还需要做哪些工作。
- 添加标签：可以给卡片赋予不同的属性，如用不同的颜色标签表示优先级或用不同的颜色表示进度。
- 添加清单：为需要添加子任务或具有多个步骤的卡片添加清单以确保不会出现疏漏。也可以从看板的其他卡片中复制清单，并通过@某人的方式将其分配到清单项目。
- 为具有截止日期的卡片添加到期日：设置完成后卡片成员将在到期前 24 小时收到通知，完成任务后可以将任务标记为已完成。
- 可以从计算机及 Dropbox、Google Drive、Box 和 OneDrive 等众多云存储服务中添加附件。

除了上述内容，Trello 还提供了多种处理卡片的方式，如移动、复制、分享、归档等。

17.4　可以用 Trello 做什么

17.4.1　跟踪

Trello 最常见的使用方法是在项目或流程中进行任务跟踪，如我们的素材分享和写作就是某种形式的任务。在看板中，卡片代表需要完成的任务或等待处理的素材，列表代表一系列步骤，列表的结构可以是"收集箱""进行中""已完成"这种简单的三段式，也可以是更加详细的形式，卡片在从开始到完成期间从左向右移动。

17.4.2　协作

协作是 Trello 的主打功能之一，Trello 的列表和卡片的设计非常利于引导人们围绕正在进行的工作展开讨论，当看板中增加一个素材之后，大家可以很方便地跟进、交流。下面是几个具体的操作方法。

- 对卡片发表评论或打上一个标签，让成员知道任务进度。
- 在评论中@成员，表达你需要谁和你进行进一步协作。
- 如果看到了感兴趣的素材或想要参与的任务，也可以直接把自己作为成员加入卡片，表示将对相应内容持续关注。

17.4.3 存储

Trello 本身不具有太强的云盘属性，但也可以进行存储，可以将一些常规文档直接拖入附件中。另外，很多第三方应用（如 Google Drive、Dropbox 和 OneDrive 等）都可以通过 Power-Up 与 Trello 进行关联，方便用户组织各种文件。

17.4.4 存档

除了常规的跟踪和存储，我使用 Trello 的一个主要目的是对日常信息和素材进行存档。得益于浏览器插件和移动端 App 方便的分享功能，我可以把从各种渠道看到的学习素材和信息保存到 Trello 中，一方面方便后续处理，另一方面可以在后期进行查找、溯源。

17.5 提高使用效率

17.5.1 快捷键

Trello 中几乎所有的操作都可以通过使用快捷键来完成，单击软件中的问号图标可查看全部的快捷键。

建议大家记住下面几个高频使用的快捷键的功能。

- Q：快速查看在所有成员信息中包括你的卡片。
- /：将光标移动到全局搜索框。
- F：进入看板内的卡片搜索框。
- E：进入快速编辑模式。
- Shift+Enter：保存卡片，同时进入卡片背面，编辑详情。
- 空格键：把自己添加为卡片成员。
- M：快速添加其他卡片成员。

17.5.2 搜索

当把看板当作素材库或用于归档时，随着卡片越来越多，后期想要找到卡片最快捷的方式是使用系统提供的快速查找功能。Trello 页眉中的搜索框支持的搜索粒度非常细，在我看来并不比印象笔记差。

进行常规查找时只需要输入想要查找的关键词，Trello 将显示与查询内容相关的卡片和看板。此外，它还支持很多种快捷搜索方式，如@成员会返回属于某个成员的所有卡片，输入"#标签"会返回带有该标签的卡片。当然，可以组合使用多个搜索条件。

17.5.3 邮件提醒和新建

为了不错过 Trello 中的更新或不接收提醒，可以在个人设置中修改邮件提醒的频率，如图 17-8 所示。

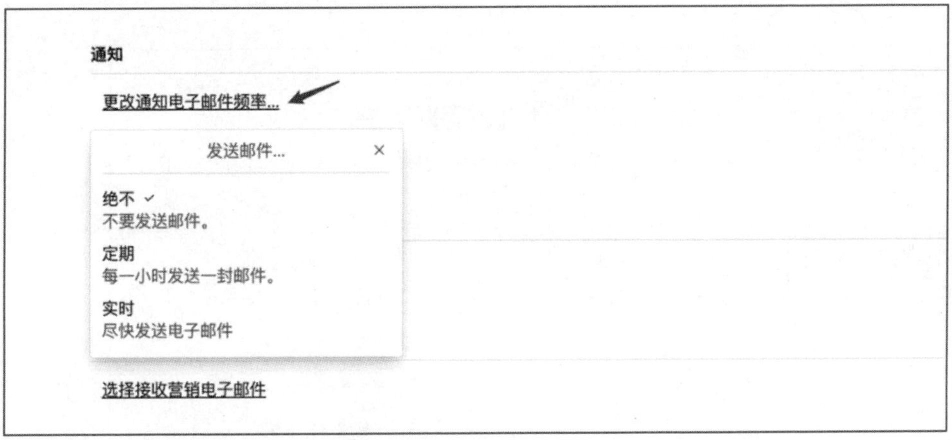

图 17-8　设置 Trello 的提醒

其中，"定期"是指如果当前的一个小时内没有任何和你相关的提醒，则你不会收到邮件，而和你相关的内容会整合为一封邮件统一显示。

除了利用邮件接收提醒，还可以通过邮件新建卡片和回复。首先，在看板设置中选择"更多"选项，找到"邮件到看板设置"选项。这里会显示一个只属于你自己的邮箱地址，发送到这个邮箱地址的邮件会自动转换为看板并被保存。其中，电子邮件的主题将成为卡片的标题，正文将成为卡片的描述，附件将会作为附件。

17.6 团队使用免费版本的注意事项

17.6.1 从官方建议中学习使用方法

Trello 为不同类型的团队提供了个性化的功能和建议，如果你想要为自己的团队引入 Trello，不妨先去看看官方的使用建议。

如果需要远程办公，"在家"和"远程团队"模板可能正是你需要的。

17.6.2 免费版本无管理员权限

Trello 在本文完稿时有两种付费模式：Trello Gold（个人版）和 Business Class（企业版）。其中，个人版按年支付时每人每月收取 3.75 美元；企业版按年支付时每人每月收取 9.99 美元。以"学习素材共享协作小组"为例，这个 55 人的小组如果使用付费版本管理的话，每年需要支付 6593.4 美元，这个成本确实有点高了。

企业版的亮点功能如图 17-9 所示，其中我感觉最实用的是管理员功能。

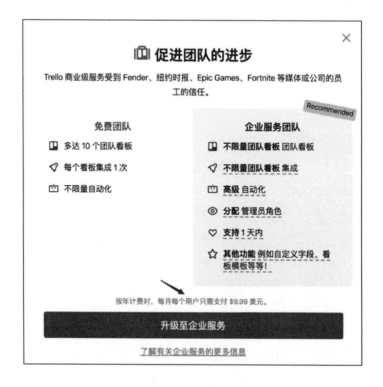

图 17-9　Trello 企业版的亮点功能

如果使用的是团队免费版，那么所有成员针对团队看板的操作权限都是相同的。也就是说，如果一个新手在没经过培训的情况下贸然上手，很可能会出现删除整个看板或所有卡片的操作，这样做的结果将是灾难性的，因此一定要做好使用前的培训。

在"学习素材共享协作小组"的醒目位置有如下四个必须遵守的要求，如图 17-10 所示。其中，最重要的就是不要私自归档甚至删除不是自己创建的内容，不要修改不是自己创建的卡片描述，最多只是进行评论。

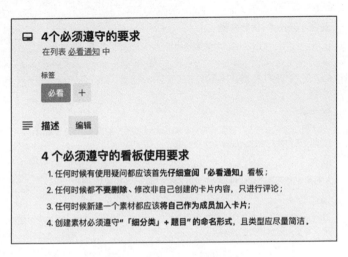

图 17-10　Trello 的使用要求

17.6.3　建立卡片书写规范

每个人在新建卡片的时候都有自己的习惯，有人喜欢设置很长的标题，有人喜欢把细节放到评论中。在多人使用同一个看板时，如果不建立必要的规范，会让整个看板看起来混乱不堪。

这里还是以"学习素材共享协作小组"为例，为了规范大家新建的卡片的格式，我们建立了一些规则，如图 17-11 所示，大家可以参考使用。

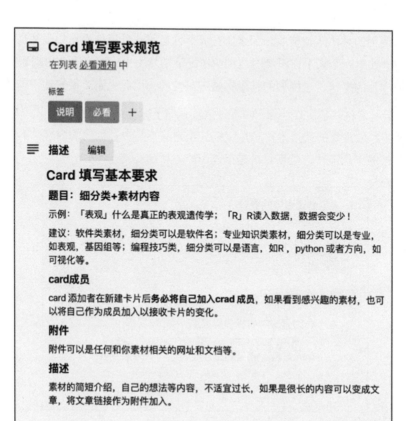

图 17-11   卡片填写要求

17.7   小结

　　远程工作是一种新的工作方式，其核心是相应的思想和习惯，工具只是表层的支持系统。我们一定要清楚远程工作的本质，培养自己的习惯，这样才能成为数字时代的弄潮儿。

原标题：《需要远程办公，不妨用 Trello 进行组织和协作》

作者：思考问题的熊

反侵权盗版声明

　　电子工业出版社依法对本作品享有专有出版权。任何未经权利人书面许可，复制、销售或通过信息网络传播本作品的行为；歪曲、篡改、剽窃本作品的行为，均违反《中华人民共和国著作权法》，其行为人应承担相应的民事责任和行政责任，构成犯罪的，将被依法追究刑事责任。

　　为了维护市场秩序，保护权利人的合法权益，我社将依法查处和打击侵权盗版的单位和个人。欢迎社会各界人士积极举报侵权盗版行为，本社将奖励举报有功人员，并保证举报人的信息不被泄露。

举报电话：（010）88254396；（010）88258888

传　　真：（010）88254397

E-mail:　dbqq@phei.com.cn

通信地址：北京市万寿路 173 信箱

　　　　　电子工业出版社总编办公室

邮　　编：100036